Python 算法小讲堂

视频精讲版

小甲鱼 肖灵儿◎著

清華大学出版社
北京

内 容 简 介

本书通过由浅入深的 39 个 Python 语言实际案例，不仅帮助初学者学习 Python 语言的基本使用，还可以使读者从数据、算法等多个角度体验编程的魅力。本书从“如何解决问题”出发，讲述了常用的人工智能编程语言——Python 语言的基本使用，帮助读者学习如何进行简单的数据处理，了解什么是算法，领略算法的魅力。当然，最终都是让初学者一行行地亲手写出代码，在计算机上运行自己写出的程序。

全书从多个角度叩开了人工智能的大门，让读者得以窥见门内的风景。本书适合对 Python 语言感兴趣的初学者和进阶者阅读，也适合对编程或算法感兴趣的爱好者。

图书在版编目 (CIP) 数据

Python 算法小讲堂：视频精讲版 / 小甲鱼，肖灵儿著 . —北京：清华大学出版社，2023.11
（小甲鱼陪你学编程）
ISBN 978-7-302-62951-1

Ⅰ . ① P… Ⅱ . ①小… ②肖… Ⅲ . ①软件工具－程序设计－青少年读物 Ⅳ . ① TP311.561-49

中国国家版本馆 CIP 数据核字 (2023) 第 038514 号

责任编辑：刘　星
封面设计：刘　键
版式设计：方加青
责任校对：韩天竹
责任印制：曹婉颖

出版发行：清华大学出版社
网　　址：https://www.tup.com.cn，https://www.wqxuetang.com
地　　址：北京清华大学学研大厦 A 座　　**邮　　编：**100084
社 总 机：010-83470000　　**邮　　购：**010-62786544
投稿与读者服务：010-62776969，c-service@tup.tsinghua.edu.cn
质 量 反 馈：010-62772015，zhiliang@tup.tsinghua.edu.cn
印 装 者：三河市人民印务有限公司
经　　销：全国新华书店
开　　本：180mm×210mm　**印　张：**9.167　**彩　插：**4　**字　数：**222 千字
版　　次：2023 年 11 月第 1 版　**印　次：**2023 年 11 月第 1 次印刷
印　　数：1～2000
定　　价：89.00 元

产品编号：096037-01

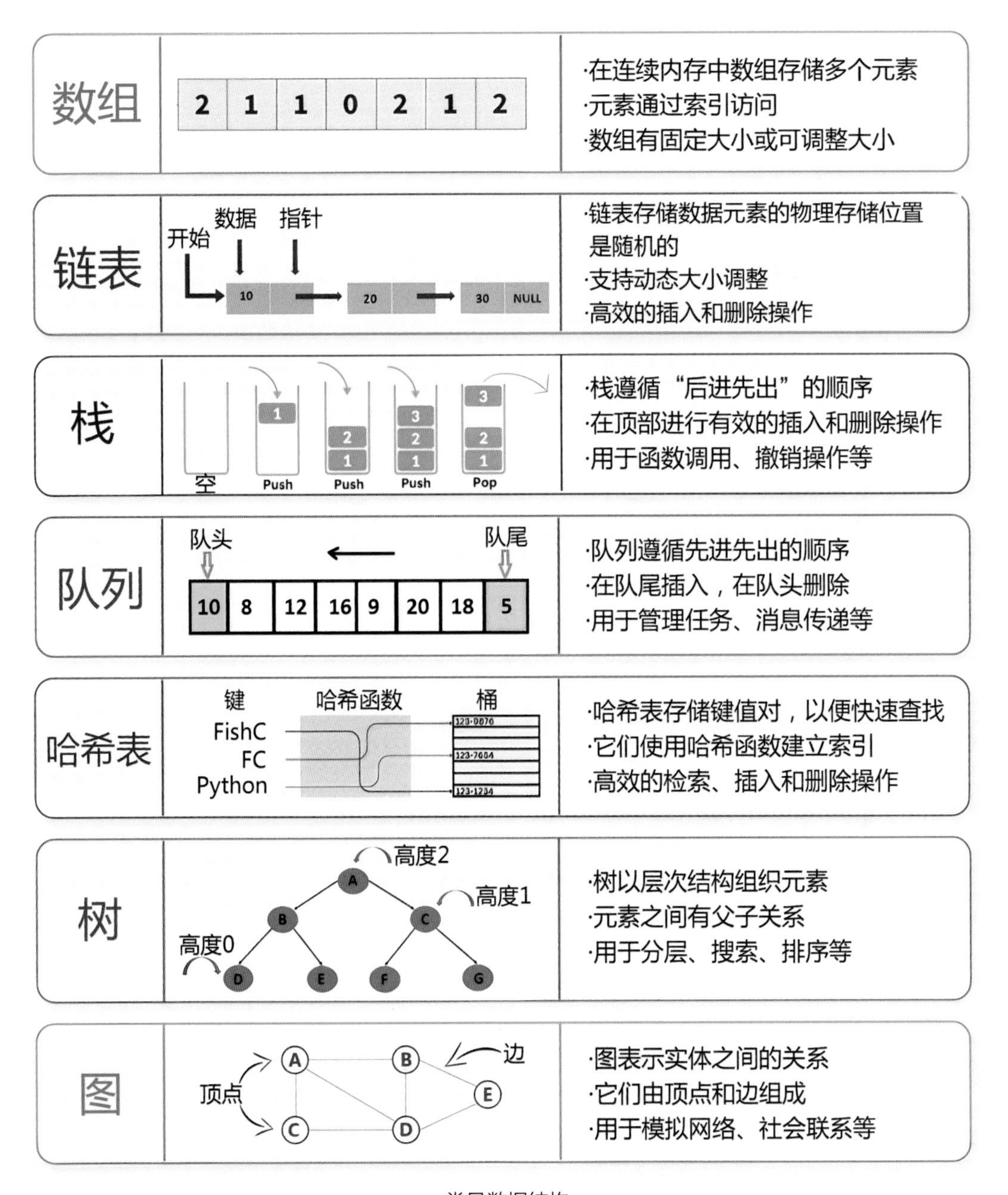
数组
2 1 1 0 2 1 2
·在连续内存中数组存储多个元素
·元素通过索引访问
·数组有固定大小或可调整大小
链表
开始
数据
指针
10
20
30
NULL
·链表存储数据元素的物理存储位置是随机的
·支持动态大小调整
·高效的插入和删除操作
栈
空
Push
Push
Push
Pop
·栈遵循“后进先出”的顺序
·在顶部进行有效的插入和删除操作
·用于函数调用、撤销操作等
队列
队头
队尾
10 8 12 16 9 20 18 5
·队列遵循先进先出的顺序
·在队尾插入，在队头删除
·用于管理任务、消息传递等
哈希表
键
哈希函数
桶
FishC
FC
Python
·哈希表存储键值对，以便快速查找
·它们使用哈希函数建立索引
·高效的检索、插入和删除操作
树
高度2
高度1
高度0
A
B
C
D
E
F
G
·树以层次结构组织元素
·元素之间有父子关系
·用于分层、搜索、排序等
图
顶点
边
A
B
C
D
E
·图表示实体之间的关系
·它们由顶点和边组成
·用于模拟网络、社会联系等
常见数据结构

空值 None
(class NoneType)

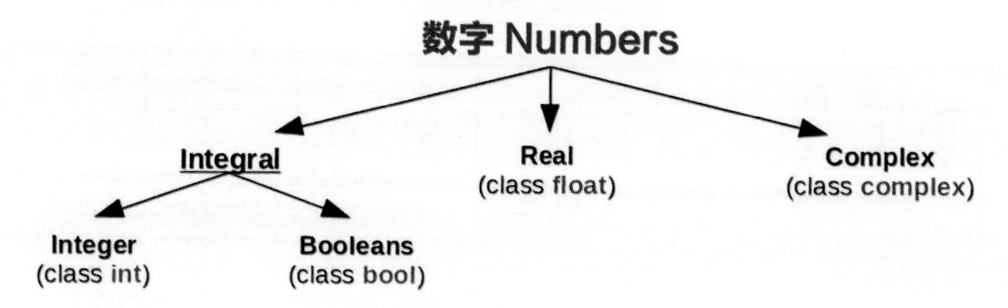

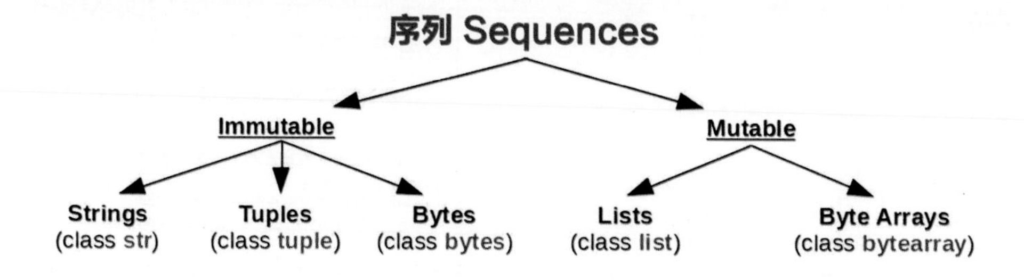

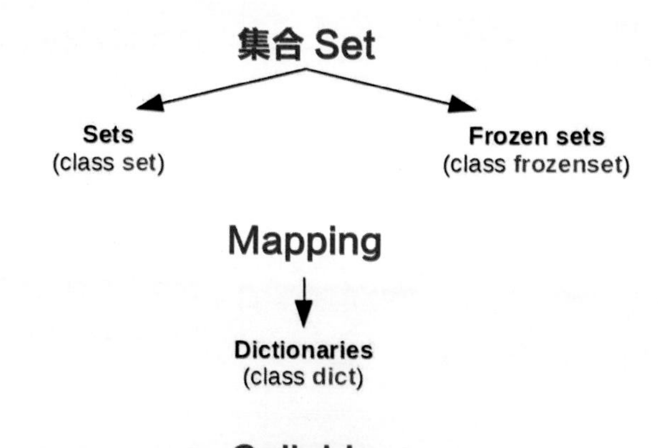

Callable
< Functions, Methods, Classes >

模块 Modules

数据类型层级关系

数据类型

整型|浮点型|布尔类型|字符串|字节

```
int    783  0  -192   0b010  0o642  0xF3
                      二进制         十六进制
float  9.23  0.0   -1.7e-6   (e-6: ×10^-6)
bool   True  False
str    "One\nTwo"   (\n: 换行)
       'I\'m'       (\': 等价于')
       多行字符串:
       """X\tY\tZ
       1\t2\t3"""   (\t: Tab键)
bytes  b"toto\xfe\775"   (\xfe: 十六进制  \775: 八进制)
```

不可变类型

容器类型

■ 有序序列 更快索引，可重复值

```
list   [1,5,9]   ["x",11,8.9]   ["mot"]   []
tuple  (1,5,9)   11,"y",7.4     ("mot",)  ()
str bytes (字符/字节 有序)                 ""  b""
```

不可修改值（tuple、str bytes）

表达式中只能用',' →tuple

■ 键容器 没有优先顺序，键索引更快，每个键都独一无二

```
字典 dict {"key":"value"}    dict(a=3,b=4,k="v")   {}
(键/值对 相互关联) {1:"one",3:"three",2:"two",3.14:"π"}
集合 set  {"key1","key2"}    {1,9,3,0}             set()
```

无序不可重复的序列　冻结集合(不可删除/添加元素)frozenset　创建空集合(只此一种方式)

标识符

对各种变量、方法、函数、库、模块、类等命名使用的字符序列称为标识符

- 标识符由 26 个英文字母大小写，数字0~9，_ 组成。
- 标识符不能以数字开头。
- 标识符严格区分大小写。
- 标识符不能包含空格、@、% 及 $ 等特殊字符。
- 不能以系统保留关键字(一共有25 个)作为标识符。
- 标识符尽量采取有意义的包名，简短，有意义，不要和系统保留关键字冲突。

变量赋值

=赋值号(==等于)

赋值 ⇔ 名字=值

1) =右边是表达式

2) 表达式值赋值给=左边名字。通过名字调用

```
x=1.2+8+sin(y)
a=b=c=0          多个变量相同值
y,z,r=9.2,-7.6,0 多赋值
a,b=b,a          交换值
a,*b=seq         序列解包
*a,b=seq
x+=3             自加⇔x=x+3     and
x-=2             自减⇔x=x-2     *=
x=None           « undefined »常数值   /=
del x            移除变量名 x    %=
                                 ...
```

类型转换

type(表达式)

```
int("15") → 15
int("3f",16) → 63                十六进制下3f的十进制值
int(15.56) → 15                  小数取整
float("-11.24e8") → -1124000000.0
round(15.56,1)→15.6              返回浮点数x的四舍五入值
bool(x)                          返回浮点数x的四舍五入值
str(x)→"..."                     返回x对象的string格式
chr(64)→'@'   ord('@')→64        代码↔字符
repr(x)→"..."                    将x转换为供解释器读取的字符串形式
bytes([72,9,64]) → b'H\t@'
list("abc") → ['a','b','c']
dict([(3,"fishc"),(1,"one")]) → {1:'one',3:'fishc'}
set(["one","two"]) → {'one','two'}
```

用：代替，以字符形式输出

```
':'.join(['toto','12','pswd']) → 'toto:12:pswd'
```

去掉字符串中的空格 → list of str

```
"words with  spaces".split() → ['words','with','spaces']
```

列表变序列

```
"1,4,8,2".split(",") → ['1','4','8','2']
```

通过for循环转换序列类型

```
[int(x) for x in ('1','29','-3')] → [1,29,-3]
```

Python 常用知识速记图

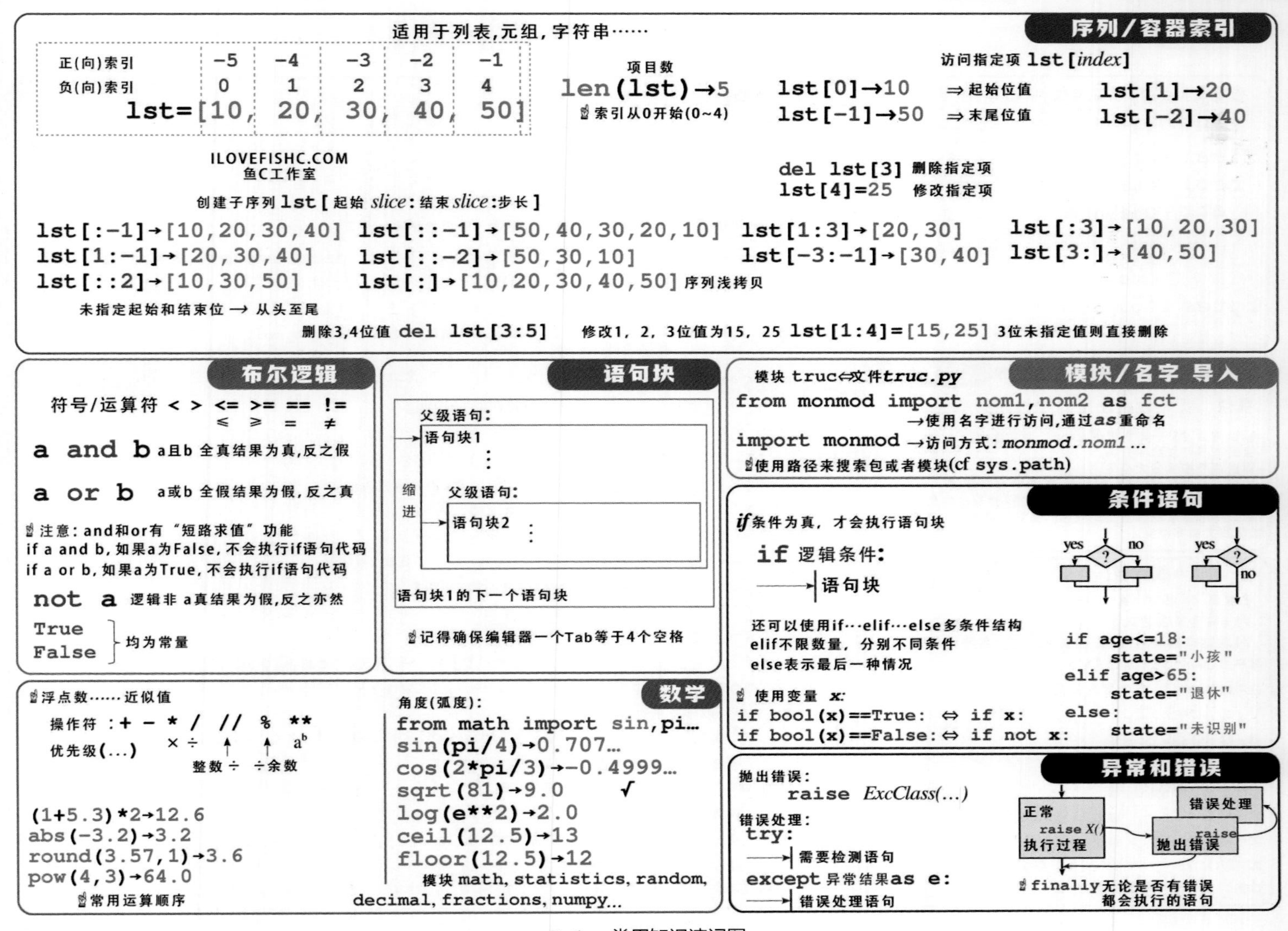

Python 常用知识速记图

元素放在小括号中，元素间用逗号分隔

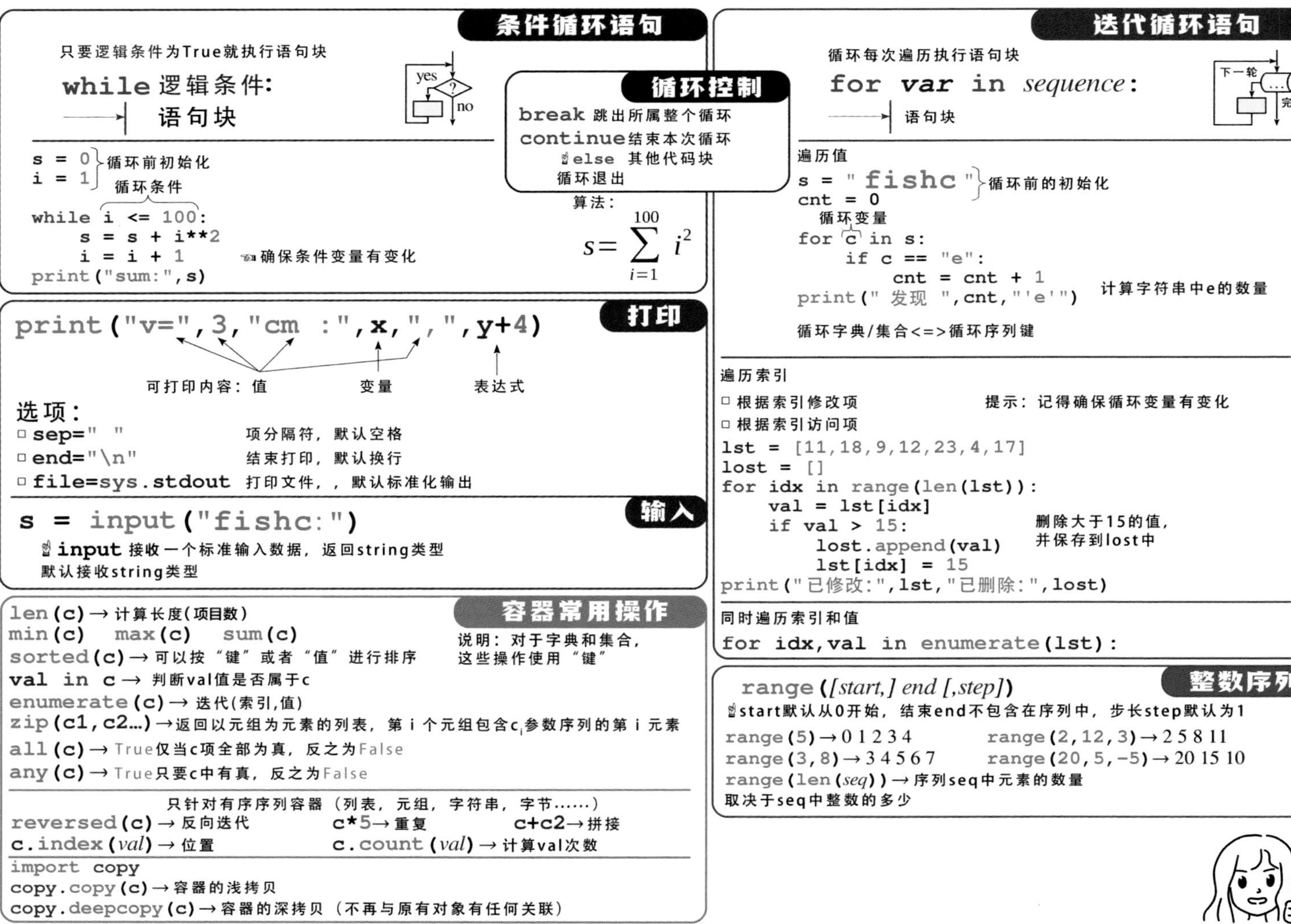

Python 常用知识速记图

lst.append(*val*) 在最后增加项
lst.extend(*seq*) 在列表末尾一次性追加另一个序列中的多个值
lst.insert(*idx*, *val*) 将指定对象插入列表的指定位置
lst.remove(*val*) 移除第一个val值
lst.pop([*idx*]) → *value* 移除列表中一个元素（默认最后一个）且返回该元素的值
lst.sort() lst.reverse() 对原列表sort排序/reverse取反

字典常用操作

d[*key*] = 赋值　　d.clear()
d[*key*] → 值　　del d[*key*]
d.update(*d2*) { 更新/添加; d2更新到d中 }
d.keys()
d.values()
d.items()
→ 都返回视图对象
视图对象非列表，不可索引
d.pop(*key*[,*default*]) → 值
d.popitem() → (键，值)
d.get(*key*[,*default*]) → 值
d.setdefault(*key*[,*default*]) 值

集合常用操作

运算符：
| → 并集
& → 交集
- ^ → 差集　对称差
< <= > >= → 包含关系
运算符也有相应的方法

s.update(*s2*) s.copy()
s.add(*key*) s.remove(*key*)
s.discard(*key*) s.clear()
s.pop()

文件

存储和读取数据

```
f = open("file.txt","w",encoding="utf8")
```

文件变量　文件名　打开模式　编码模式

打开模式：
- 'r' 读取
- 'w' 写入
- 'a' 追加
- …'+' 'x' 'b' 't'

文件编码：utf8 ascii latin1 …

路径：模块 os, os.path 和 pathlib

写入
f.write("fishc")
f.writelines(多行)

读取
f.read([*n*]) → 下一个字符
如果*n*未指定，默认读取完所有
f.readlines([*n*]) → 读取所有行
f.readline() → 读取下一行

t模式:读写都是以字符串为单位，只针对文本文件，必须指定encoding参数
b模式:读写都是以字节为单位，可以针对所有文件，一定不能指定encoding参数
f.close() 关闭文件（最后别忘了关闭文件哦）

f.flush() 写入缓存　　f.truncate([*size*]) 重置
在文件中按顺序读取/写入进度，通过如下方式修改：
f.tell() → 位置　　f.seek(*position*[,*origin*])

常见做法：打开一个受保护的代码块(自动关闭)
通过循环读取文件

```
with open(…) as f:
    for line in f:
        #后续操作
```

函数定义

```
def fct(x,y,z):
    """文档说明"""
    # 语句块，说明代码含义/注释
    return res
```

参数名字
return res ← 调用结果值
如果没有返回结果，则return None

代码块中的代码作用域只在块中和函数调用过程中
想象成一个黑盒子

高级写法：def fct(x,y,z,*args,a=3,b=5,**kwargs):
**args* 无关键字参数，当函数中以列表或者元组形式传参时使用
***kwargs* 有关键字参数，当传入字典形式的参数时使用

函数调用

```
r = fct(3,i+2,2*i)
```

存储函数返回值　　参数可以单独运算

使用函数名和括号来调用

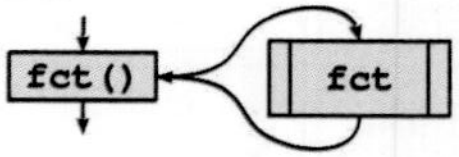

字符串常用操作

s.startswith(*prefix*[,*start*[,*end*]])
s.endswith(*suffix*[,*start*[,*end*]]) s.strip([*chars*])
s.count(*sub*[,*start*[,*end*]]) s.partition(*sep*) → (*before*,*sep*,*after*)
s.index(*sub*[,*start*[,*end*]]) s.find(*sub*[,*start*[,*end*]])
s.is…() 字符检查相关方法。例如检测是否由字母构成：s.isalpha()
s.upper() s.lower() s.title() s.swapcase()
s.casefold() s.capitalize() s.center([*width*,*fill*])
s.ljust([*width*,*fill*]) s.rjust([*width*,*fill*]) s.zfill([*width*])
s.encode(*encoding*) s.split([*sep*]) s.join(*seq*)

格式化

格式化指令　　需格式化的值

```
"modele{} {} {}".format(x,y,r) ──→ str
```

"{选择:格式!转换}"

- 选择：
  2
  nom
  0.nom
  4[key]
  0[2]

示例：
```
"{:+2.3f}".format(45.72793)
→'+45.728'
"{1:>10s}".format(8,"toto")
→'      toto'
"{x!r}".format(x="I'm")
→'"I\'m"'
```

- 格式化：

左/右对齐 < >　居中 ^　赋值 =　正/负数 + -　空格 *space*

整型：b二进制，c字符，d十进制(默认)，o八进制，x或X十六进制
浮点型：e或E指数，f或F不动点，g或G默认浮点表示
字符串：%百分比格式

- 转换：s(可读文本)或r(文字表述)

Python 常用知识速记图

随着人工智能、ChatGPT、AIGC 等计算机领域的飞速发展和计算机硬件性能的飞跃提升，人们生活中已经处处充满“算法”：可能是购物网站上的“猜你喜欢”，可能是导航软件中的“最佳路线”，也可能是美食 App 上的自动订菜服务。在当下这个时代，我们享受着算法带来的种种便利。无论你从事什么工作，不管是与计算机直接相关的研发人员，还是表面看起来是与人打交道的销售、咨询、教育、服务和管理人员，人机互动已经无处不在。而算法，就是智能机器的最大秘密。

TIOBE 编程排行榜中，2021 年 10 月 Python 语言首次第一，截至 2023 年 10 月 Python 语言还是第一，说明该门语言越来越热门。热门也意味着在日常生活中很多人在用 Python。那么，怎么用呢？那就是用 Python 语言将一个个算法变为计算机可理解的应用程序，然后为广大用户提供服务。

写书目的——“算法思维”的思考方式

编写本书的目的不是让读者理解每一种算法的精妙，而是帮读者养成“算法思维”的思考方式。比如，在生活中，很多人会去学习一些家庭收纳整理的知识，有人看见了会说，你家才 50 平方米，又不是大别墅，哪有那么多东西要整理呢？但只要知道“收纳”的核心是提升空间利用率，优化人与物的关系，那么就会明白，小房间其实更需要收纳。所以哪怕读者日后并不想从事与算法相关的职业，但是养成“算法思维”的习惯，就会理解到：

算法本质上是在帮读者建立起一套超脱感性、权衡多方的思维模式。

就会明白：

不管是做什么工作，“算法思维”都是能用得上的。

希望“算法思维”方式能够让你感受到智慧带来的快乐，体会变换角度带来的新知，以及新的启发给生活带来的改善。在智能时代，学习算法，帮助自己更好地理解工作或生活中遇到的一些场景，而不是单纯地成为一个数据的提供者。如果能借助算法，更快速、更经济、更有效地解决一些问题，那就更好了。

本书的作者以及鱼 C 技术团队在计算机科学领域有着多年的算法学习经历和 IT 领域工作经验，对算法有着较为深入的开发与实践。**本书是在钻研算法的基础上，经过长期的应用总结而完成的，以通俗易懂的语言带领读者用一个个算法去解决生活中的实际问题**。

《零基础入门学习 Python》出版后收到了无数读者的好评，也收到了很多建议，其中最多的就是：“希望小甲鱼老师分享更多实操练习讲解的视频或图书”，基于此我将这个任务交给团队中的肖灵儿工程师，于是就有了“算法小讲堂”视频课程，进而总结提炼成书。肖灵儿作为一名女性程序员，她的讲解方式也会更加细致，更能关注编程过程中的细节问题。

内容特色——实用、好玩、参与

本书仍然贯彻“小甲鱼陪你学编程”丛书“实用、好玩、参与”的核心理念，主要特点如下：

- 精致有趣的视频讲解；
- 贴近生活的有趣案例；
- 层层迭代的编写方式；
- “试错→改进→优化→再递进”的代码分析。

为了更加细致、生动地解释知识点，书中和配套视频中都有大量插图，在视频中还采用手写代码的方式帮助读者更好地理解代码编写过程和重点，同时风趣幽默的讲解方式也更能引起读者对 Python 学习的兴趣，加深对相关理论的理解。

配套资源——视频、代码、答案

本书提供以下配套资源：

- 程序代码、作业答案等资料，扫描此处二维码下载或者到清华大学出版社官方网站本书页面下载。
- 微课视频（39 集，共 360 分钟），扫描正文中相应位置二维码观看。目前本书配套视频在 bilibili 网站累计播放 60 多万次，读者也可以在 bilibili 网站关注“鱼C- 小师妹”观看全部视频。

配套资源

注：请先扫描封底刮刮卡中的二维码进行绑定后再获取配套资源。

读者对象

- 对 Python 感兴趣的读者；
- 计算机科学与技术等相关专业的本科生、研究生；
- Python 相关工程技术人员。

感谢鱼 C 软件开发工程师袁春良等朋友在本书的资料整理及校对过程中所付出的辛勤劳动。

限于作者的水平和经验，加之时间比较仓促，疏漏或者错误之处在所难免，敬请读者批评指正。

小甲鱼

2023 年 11 月

目录

CONTENTS

第 1 课　有言在先

视频讲解

> 在自己的计算机上安装 Python，会看流程图。
> 掌握注释、变量、字符串、条件分支、循环、数据类型、常用操作符的使用。
> 理解列表、元组、字典、集合和函数。

如果读者对上述知识点的掌握感觉良好，并且可以轻松完成本节的课后作业，那么可直接看第 2 课，开始学习如何使用 Python 解决算法问题。

如果对其中任何一个知识点存在疑惑，可以在网上搜索相关教程或者查看小甲鱼老师编写的《零基础入门学习 Python》（第 2 版 • 微课视频版）前 7 章进行深入学习。本书将专注于使用 Python 解决算法问题，不会重复讲解基础知识。

现在，让我们开始使用 Python 解决算法问题吧！

科普一个关于 Python 的背景故事。Python 的英文原意是蟒蛇（发音接近“派森”），但是 Python 的发明人 Guido（图 1-1），并不是因为喜欢蟒蛇而取这个名字，按 Guido 自己的说法，这个名字取自他个人很喜爱的 BBC 著名的喜剧电视剧《蒙提 • 派森的飞行马戏团》（*Monty Python's Flying Circus*）。虽然 Python 的名称来源不是大蟒蛇，但是 Python 软件基金会还是采用了两条蛇作为徽标，如图 1-2 所示。

图 1-1

图 1-2

接下来的每一道题将快速测试你的基础是否达标，不会的直接去看答案（见配套资源），如果看了答案还是不懂，就先不要继续往下学习了，因为只有先把基础的语法知识打扎实，才能开始在算法的世界里遨游。

（1）如何修改 Python IDLE 编辑器的字体？

（2）在 Python 代码中，如何实现多行注释？

（3）知道什么是运算符优先级吗？

（4）知道什么是短路逻辑吗？

（5）如何让浮点数得到四舍五入的结果？

（6）知道如何实现分支和循环结构吗？

（7）知道列表、元组和字典三种容器各自都有什么特点吗？

（8）知道函数的位置参数和关键字参数有什么区别吗？

第 2 课　新手最容易踩的坑

视频讲解

我们从鱼 C 论坛 Python 板块的上万条求助帖中，整理出下面 4 个新手最常踩的坑。犯错不可怕，可怕的是自己都不知道怎么错的，一错再错。

- 多余的符号。
- 乱用关键字。
- 惯性思维赋值和拼接。
- 不符合最新语法规定。

2.1　多余的符号

很多新手在学习其他编程语言时，最常见的问题可能是漏写某些标点符号。但是，由于 Python 自身的简洁特性，新手或者一些刚接触 Python 的编程老手反而可能会因为“顺手”而多写一些符号。

与大多数编程语言不同，Python 的语句后面不需要加分号结尾。对于有 C/C++ 语言编程经验的人来说，很容易一时间适应不过来，习惯性地加上“分号”作为结束符：

```
>>> a = 520     # 正确
>>> a = 520;    # 错误
```

除了“;”，还有“()”。

在 Python 中，if 语句的条件表达式部分并不需要添加小括号（虽然加上程序仍可正常运行）：

```
>>> if a > b:   # 正确
...     print(a)
>>> if (a > b): # 错误
...     print(a)
```

2.2 惯性思维赋值和拼接

判断两个表达式 / 变量 / 常量 / 引用相等，应该使用关系运算符“==”，而不是赋值运算符“=”。新手很容易按照自己以往的经验，将程序中的“=”理解为等于：

```
>>> if (a = b):  # 错误
...     print("相等!")
```

在 Python 的世界中，等于是用“==”，而“=”则代表赋值，所以上面判断代码的正确写法应该是：

```
>>> if a == b:   # 正确
...     print("相等!")
```

拼接也是大同小异，容易受到其他编程语言的影响，字符串与其他数据类型的数据相加，在一些编程语言中是被支持的，从而达到字符串拼接的效果。但是，在 Python 中却是不可行的：

```
>>> print('我爱' + str(fishc) + '鱼C')    # 正确
>>> print('我爱' + fishc + '鱼C')         # 错误
```

2.3 乱用关键字

Python 3 一共有35 个关键字：and，as，assert，await, async, break，class，continue，def，del，elif，else，except，finally，False，for，from，global，if，import，in，is，lambda，None，nonlocal，not，or，pass，raise，return，True，try，while，with，yield。

很多新手给变量命名的时候，会不小心与“关键字”同名。这些关键字都是官方独享的，因此一旦私下使用，程序就会报错。

所以，变量命名、函数命名、类命名均应避免使用 Python 的关键字。

另外，语句的缩进在 Python 语言中是非常重要的，缩进区分了语句的层次，同一层次的语句需要同样的缩进宽度：

```
>>> for i in range(520):
...     print("我爱鱼C")      # 循环内的语句
...     print("我爱Python") # 循环内的语句
```

```
... print("小师妹棒棒哒")      # 循环外的语句
```

为了避免在学习编程时犯错，我们需要仔细消化本节课中易出错的地方。特别是对于 Python 这种语言，它的简洁特性可能会导致一些新手或有其他编程经验的老手犯错。

视频讲解

第 3 课　百钱百鸡

- 将方程组转换成代码。
- 穷举法。
- 循环及其优化。

中国古代数学家张丘建在《算经》一书中提到了一个著名的“百钱百鸡” 问题，如图 3-1 所示。

“一只公鸡值五钱，一只母鸡值三钱，三只小鸡值一钱，现在要用百钱买百鸡，请问公鸡、母鸡、小鸡各多少只？”

用现代语言翻译一下就是：“公鸡 5 元一只，母鸡 3 元一只，3 只小鸡算 1 元，要用 100 元买 100 只鸡，三种鸡的数量各是多少？”

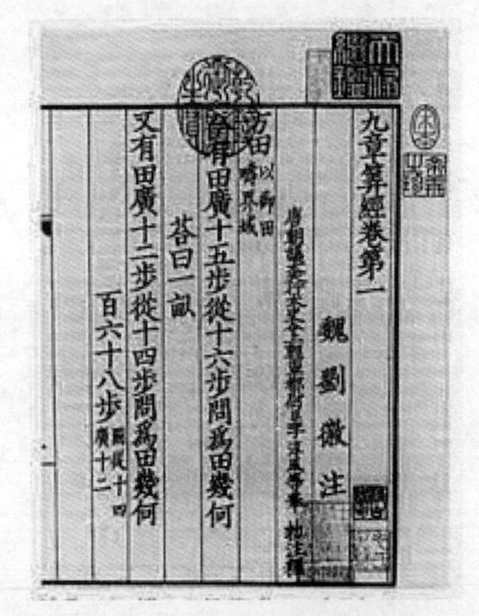

九章算經卷第一　魏 劉徽 注

方田 以御田疇界域

今有田廣十五步從十六步問爲田幾何

荅曰一畝

又有田廣十二步從十四步問爲田幾何

荅曰一百六十八步

图 3-1

这道题要求用100元买100只鸡，其中公鸡5元一只，母鸡3元一只，而3只小鸡为1元。因此，公鸡数量在0到20之间，母鸡数量在0到33之间。

我们可以创建变量cock代表公鸡数量，hen代表母鸡数量，chicken代表小鸡数量。总数量为100，因此可以得到一个方程式cock+hen+chicken=100，将问题转化为解方程组。此外，还可以得到一个方程式cock5 + hen3 + chicken/3 = 100，表示总价值为100元。

为了解这个方程组，可以使用穷举循环的方法。通过对未知数可变范围的穷举，可以验证方程在什么情况下成立，从而得到相应的解。这种方法虽然比较简单，但计算机最擅长的就是“傻算”，因此可以得到正确的解。

cock的取值范围是0～20，可用循环语句实现：

```
>>> for cock in range(0,21)
```

钱的数量是固定的，要买的鸡的数量也是固定的，既然穷举完公鸡，就在其基础上穷举母鸡，最后再穷举小鸡。每一次都“傻算”即可，可以利用三层循环的嵌套来解决：

- 最外层循环控制公鸡的数量。
- 中间层循环控制母鸡的数量。
- 最内层循环控制小鸡的数量。

每层循环的初始值均是0（即买的100只鸡中可能没有公鸡，也可能没有母鸡或者小鸡），循环的控制条件就是公鸡、母鸡和小鸡用100元最多能够买到的数量。公鸡最多20只，母鸡最多33只，小鸡最多100只。

穷举循环的特点就是把所有情况都考虑到，因此每层循环执行一次，对应循环变量的值就要加1。只管运行循环，就能得到最终结果。

画成流程图，如图3-2所示。

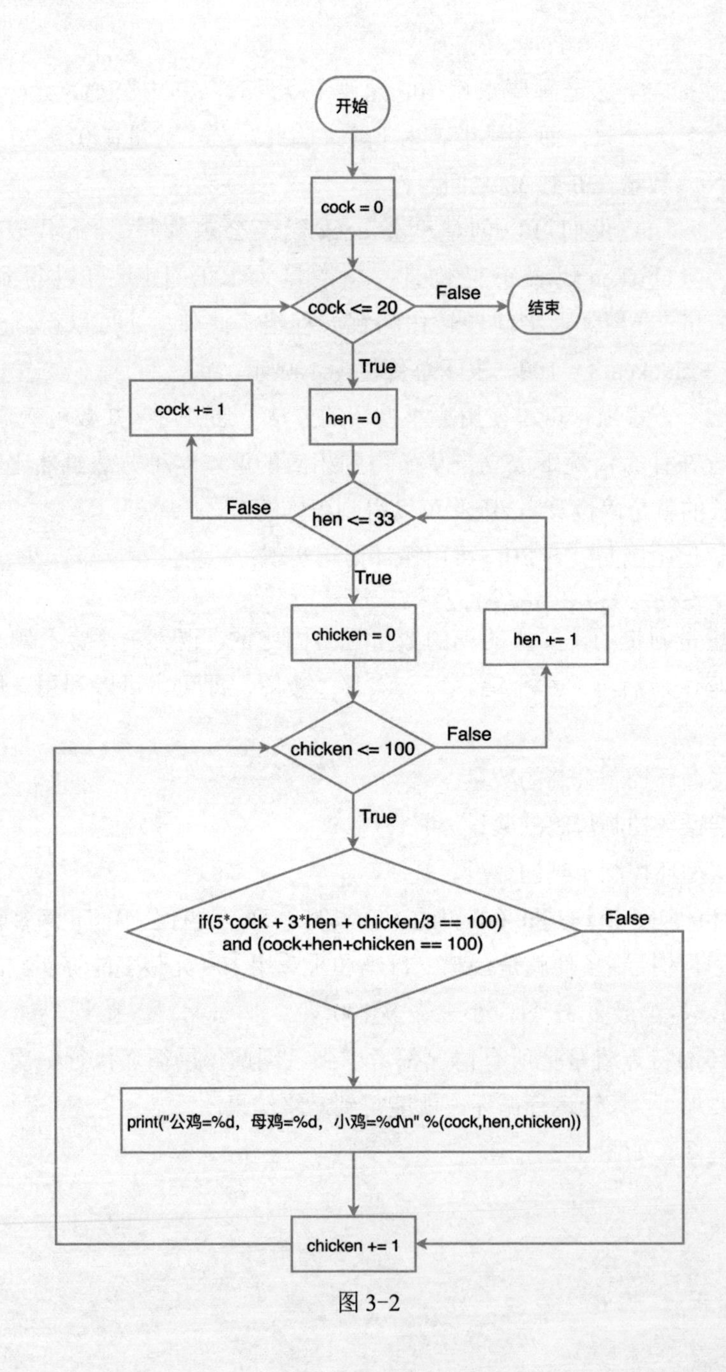
开始
cock = 0
cock <= 20
False
结束
True
cock += 1
hen = 0
False
hen <= 33
True
chicken = 0
hen += 1
chicken <= 100
False
True
if(5*cock + 3*hen + chicken/3 == 100)
and (cock+hen+chicken == 100)
False
print("公鸡=%d，母鸡=%d，小鸡=%d\n" %(cock,hen,chicken))
chicken += 1

图 3-2

根据流程图，构建程序框架如图 3-3 所示。

```
1   # cock表示公鸡数量，hen表示母鸡数量，chicken表示小鸡数量
2   # 外层循环控制公鸡数量取值范围为0～20
3   cock = 0
4   while cock <= 20:
5       # 内层循环控制母鸡数量取值范围为0～33
6       hen = 0
7       while hen <= 33:
8           # 内层循环控制小鸡数量取值范围为0～100
9           chicken = 0
10          while chicken <= 100:
11              # 条件控制
12              if (5 * cock + 3 * hen + chicken / 3.0 == 100)\
13                  and (cock + hen + chicken == 100):
14                  print("cock=%d,hen=%d,chicken=%d" %\
15                      (cock, hen, chicken))
16              chicken += 1
17          hen += 1
18      cock += 1
```

图 3-3

在三层循环中，遇到同时满足第 12 行代码中的“5×cock+3×hen+chicken/3 == 100”和第 13 行中“cock+hen+chicken == 100”条件，则输出。

代码实现结果如下：

```
cock=0, hen=25, chicken=75
cock=4, hen=18, chicken=78
cock=8, hen=11, chicken=81
cock=12, hen=4, chicken=84
```

关于图 3-3 所示的代码这里有 5 点说明：

（1）竖线表示缩进作用域。

（2）整体代码基于 Python 中的 PEP8 标准进行了格式优化。

（3）因为实际代码过长，无法在一页中显示完整，所以使用了第 12 和第 14 行末尾的反斜杠“\”来表示续行，实际代码仍写在一行中。

（4）只做讲解用的“短”代码没有行号，完整代码有。

（5）带行号的长代码中，为了突出介绍某一部分，会进行部分展示，上边沿或者下边沿会出现“撕纸”效果，如图 10-6 所示，表示省略已经写好的代码。

后续采用上述代码风格，就不做详细解释了。

以上算法需要穷举尝试 21×34×101=72 114 次，效率较低。但是，对于本题来说，公鸡数量确定后，小鸡数量也就固定为 100 减去公鸡和母鸡的数量，因此无须再进行穷举。此时，我们只需要考虑一个约束条件，即 5×cock+3×hen+chicken/3=100。

通过这种优化，我们可以大大提高算法的效率，减少计算量，更快地得到正确的解。聪明的你，知道应该如何实现优化的代码吗？

第 4 课　神秘的手机号

视频讲解

> 流程图。
> for … in range()。

有请今天的主人公——小龟龟，如图 4-1 所示，他非常热心，经常热情地帮助同学修改代码。

图 4-1

有一天，一位同学来找小龟龟调试程序。小龟龟看到代码编辑器上写了一段注释：

```
'''
想吃我自己做的糖果吗?
请根据以下线索找出我手机号 1239098xxxx 的后 4 位，并在
21:00 前短信告诉我！答对的话，糖果明天上课前双手奉上！
## 前两位数字相同
## 后两位数字相同，但与前两位不同
## 4 位数字刚好是一个整数的平方
'''
```

看完注释，小龟龟淡定一笑，女同学的糖果，自己吃定了。

上面的要求，其实就是找到一个前两位数相同、后两位数相同且相互间又不同的 4 位整数，然后判断该整数是否是另一个整数的平方。先假设这个 4 位数为 t，每一位用 a、b、c、d 分别替代，其中 a、b、c、d 满足下面的条件：

- a、b、c、d 取值范围为整数 0 ～ 9；
- a 等于 b；
- c 等于 d；
- a 不等于 c；
- 1000*a+100*b+10c+d 等于 t*t。

通过 a 和 b，c 和 d 的相等关系，就可以只用两个变量了，将 a 和 b 用 i 替换，c 和 d 用 j 替换，上面的条件就可以精简为：

- i 不等于 j；
- k 等于 1000*i+100*i+10*j+j 等于 t*t。

上面的条件有了，最简单的方式还是用第 3 课中提到的穷举法，让计算机一个一个去测试，答案很快就会浮出水面。

动手写程序前，小龟龟决定还是先画一个流程图来梳理思路，如图 4-2 所示。

流程图有了，代码就完成一大部分了。画流程图时小龟龟发现，找整数不一定从 0 开始逐个遍历到 9，因为我们要求的是号码最后 4 位，如果是 00xx 这样的格式，xx 只能是 11、22、33、44、55、66、77、88、99，而这些数字根本无法满足“是整数平方”的条件。符合规定的最小值只能从 1100 开始，而 1100 的平方根大于 33，所以遍历过程中的平方根最小值为 34。又因为是 4 位数，而数字 100 的平方 10000 已经是 5 位数了，不满足是 4 位数的条件，所以平方根最大值为 99。如果用第 3 课的 while 循环来写，代码如图 4-3 所示。

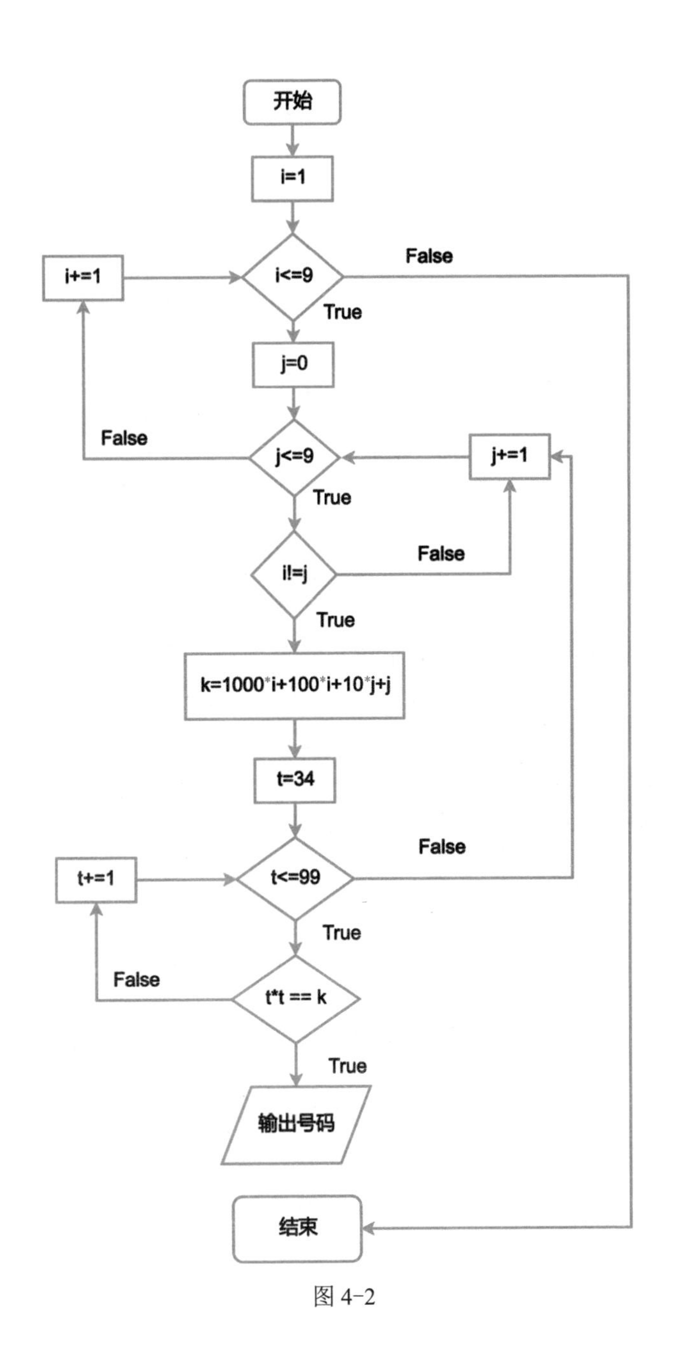
开始
i=1
i<=9
False
True
i+=1
j=0
j<=9
False
True
j+=1
i!=j
False
True
k=1000*i+100*i+10*j+j
t=34
t<=99
False
True
t+=1
t*t == k
False
True
输出号码
结束

图 4-2

```
1   i = 1
2   while i <= 9:
3       j = 0
4       while j <= 9:
5           if (i != j):
6               k = 1000 * i + 100 * i + 10 * j + j
7               t = 34
8               while t <= 99:
9                   if (k == t * t):
10                      print("女同学手机号后四位: ", k)
11                  t += 1
12          j += 1
13      i += 1
```

图 4-3

代码第 2 行的 while 循环使用了很多次，还可以使用更方便的 for 循环来替换。将上面的 while 条件以及 +1 条件，统一用 for…in range() 替换。所以，流程图中所有 while 都可以修改，并且最后的 for 循环条件就是（34，99）：

```
for t in range(34, 100)
```

代码实现结果如下：

女同学手机号后四位：7744

自己动手完成最后的 for…in range() 部分代码。

第 5 课　借玩具组合

> 循环三要素。
> f-string 字符串格式化。

在本节课中，我们来解决一个借玩具的问题。小师妹手上有 5 个新玩具，准备借给 3 位好朋友，每个人只能借一个玩具。问题：“有多少种不同的借法？”

这道题目是一个常见的数学排列组合问题。假设有 5 个玩具，编号为 1 到 5，现在有三个人 A、B、C，每人可以选择其中一个玩具，且每个玩具只能被一个人选择。那么，有多少种不同的选择方式呢？

可以用循环来穷举每个人的选择。首先，可以用 for…in range() 循环来列出第一个人的所有选择。同样地，对于第二个人和第三个人，也可以用类似的方法来列出他们的选择。后面的选择都是在前面选择的前提下进行的，因此可以采用循环的嵌套来解决问题。

在解决问题的过程中，需要注意循环三要素，即循环变量、循环条件和循环体。通过合理地运用循环，可以得到所有可行的选择方式。

综上所述，这道题目可以通过循环来解决，而循环三要素是解决问题的关键，找到这三要素就是进行编程的关键。

本题的输出结果有一个条件限制：三个人所选的玩具编号不能相同。因此，只需要一条 if 语句就可以完成需求：

```
if a != b and a != c and c != b
```

为了判断三个人所选玩具的编号是否不同，可以采用穷举法。用A、B、C分别代表三个人，用数字1到5表示5个玩具的编号，然后用a、b、c存放三个人所选玩具的编号，并通过循环来模拟借玩具的过程。

在循环中，需要为a、b、c赋初值1，同时设置循环变量，使得循环在a、b、c均小于6的情况下结束，这样就可以通过穷举法来得到所有可能的选择组合。

通过这种方法可以判断三个人所选玩具的编号是否不同，从而得到有效的借用次数。需要注意的是，在循环中要注意循环变量、循环条件和循环体的设置，以确保程序的正确性和高效性。

作为新手，在动手编写代码之前，最好还是先画出流程图。读者可以自己画完后和图5-1对比一下。

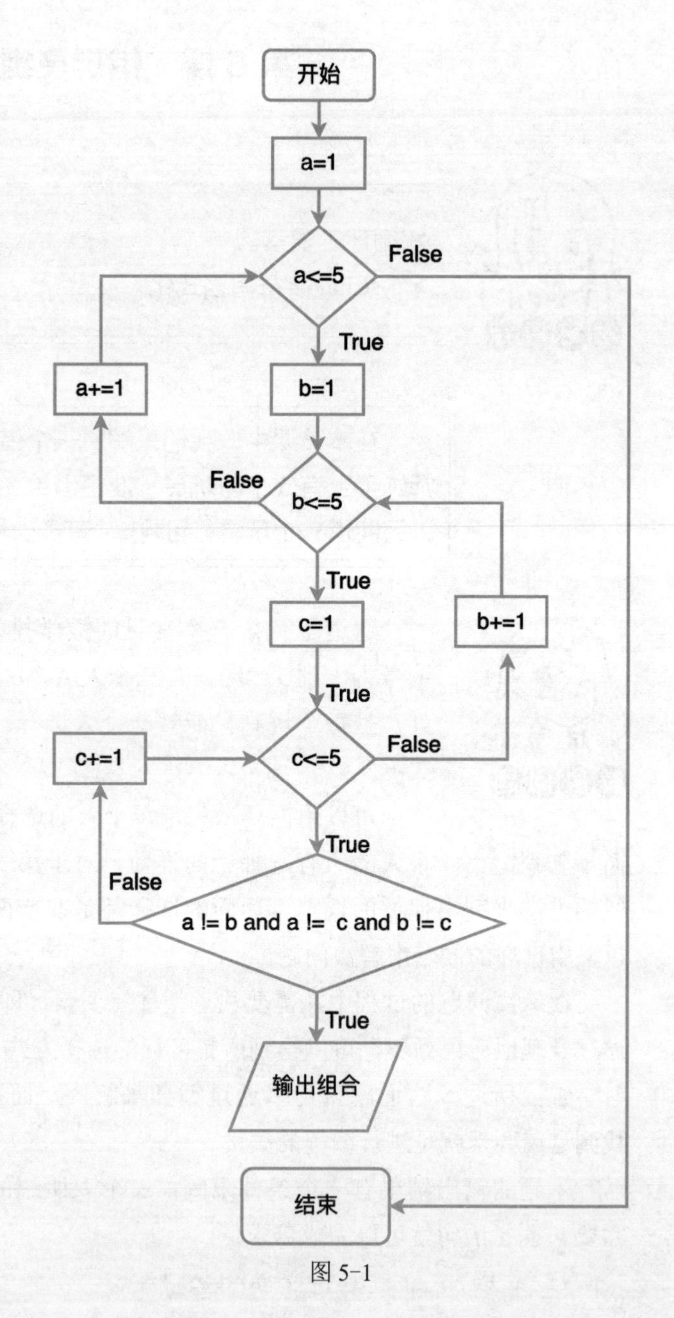

图5-1

在第 4 课的最后教给读者，像这种 while 循环都可以用 for … in range() 来实现。还是那句老话——流程图画得好，编写程序没烦恼。根据画好的流程图，代码如图 5-2 所示。

```
1  # A、B、C三人，5个玩具，每人每次只能借一个
2  # 用a、b、c分别表示三人所选玩具的编号
3  if __name__ == "__main__":
4      print("A, B, C三人所选玩具方案:")
5      # 用来控制A借玩具编号
6      for a in range(1, 6):
7          # 用来控制B借玩具编号
8          for b in range(1, 6):
9              # 用来控制C借玩具编号
10             for c in range(1, 6):
11                 if a != b and a != c and c != b:
12                     print("A: %2d  B: %2d  C: %2d" %\
13                         (a, b, c))
14                     print()
```

图 5-2

图 5-2 中，第 3 行代码解释见第 21 课，可暂时理解为“程序入口”。运行结果如图 5-3 所示。

```
A, B, C三人所选玩具方案:
A: 1  B: 2  C: 3

A: 1  B: 2  C: 4

A: 1  B: 2  C: 5

A: 1  B: 3  C: 2

A: 1  B: 3  C: 4

A: 1  B: 3  C: 5

A: 1  B: 4  C: 2

A: 1  B: 4  C: 3
```

图 5-3

通过穷举法，我们已经得到了所有可能的选择组合，但是得到的结果是页面非常长，中间还有换行，需要不断滚动页面才能看完，非常不利于阅读。此外，我们也无法知道总共有多少个方案，难道要一个一个去数吗？

对于程序员来说：能让机器干的活就一定要让机器去干。由于 print 默认是每打印一行，结尾就加换行；如果不需要它换行，就可以在语句末尾添加“end=''”，表示在末尾加空格，并且不换行。这样就可以去掉这些多余的空行，修改图 5-2 中的第 12 行代码，如图 5-4 所示。

```
12                  print("A: %d  B: %d  C: %d" % \
13                      (a, b, c), end='')
14                  print()
```

图 5-4

运行结果如图 5-5 所示。

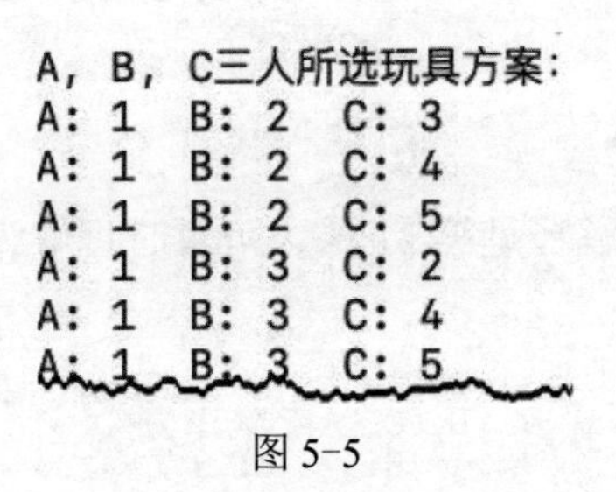

图 5-5

输出结果单纯从观感上一下就美观很多了。

接下来再创建一个 count 来计数，初始化值为 0，代码见图 5-6 中第 3 行。

输出一个方案，count 就加 1，代码见图 5-6 中第 12 行。

此外 count 除了统计次数，还有一个作用就是控制换行。例如，想一排显示 4 组数据，就可以判断 count 除以 4 是否有余数。余数为 0 说明是 4 的倍数，就可以换行，反之正常执行，代码见图 5-6 中第 14 行和第 15 行。

修改后的代码如图 5-6 所示。

```
if __name__ == "__main__":
    # count用来计数
    count = 0
    print("A, B, C三人所选玩具方案:")
    for a in range(1, 6):
        for b in range(1, 6):
            for c in range(1, 6):
                if a != b and a != c and c != b:
                    print("A: %2d  B: %2d  C: %2d" % \
                        (a, b, c), end='')
                    # 输出一个方案count加1
                    count += 1
                    # 一行4个数据
                    if count % 4 == 0:
                        print()
    print("共有%d种组合" % (count), end='')
```

图 5-6

此时输出结果如图 5-7 所示。

```
A, B, C三人所选玩具方案:
A:  1  B:  2  C:  3A:  1  B:  2  C:  4A:  1  B:  2  C:  5A:  1  B:  3  C:  2
A:  1  B:  3  C:  4A:  1  B:  3  C:  5A:  1  B:  4  C:  2A:  1  B:  4  C:  3
A:  1  B:  4  C:  5A:  1  B:  5  C:  2A:  1  B:  5  C:  3A:  1  B:  5  C:  4
A:  2  B:  1  C:  3A:  2  B:  1  C:  4A:  2  B:  1  C:  5A:  2  B:  3  C:  1
A:  2  B:  3  C:  4A:  2  B:  3  C:  5A:  2  B:  4  C:  1A:  2  B:  4  C:  3
A:  2  B:  4  C:  5A:  2  B:  5  C:  1A:  2  B:  5  C:  3A:  2  B:  5  C:  4
A:  3  B:  1  C:  2A:  3  B:  1  C:  4A:  3  B:  1  C:  5A:  3  B:  2  C:  1
A:  3  B:  2  C:  4A:  3  B:  2  C:  5A:  3  B:  4  C:  1A:  3  B:  4  C:  2
A:  3  B:  4  C:  5A:  3  B:  5  C:  1A:  3  B:  5  C:  2A:  3  B:  5  C:  4
A:  4  B:  1  C:  2A:  4  B:  1  C:  3A:  4  B:  1  C:  5A:  4  B:  2  C:  1
A:  4  B:  2  C:  3A:  4  B:  2  C:  5A:  4  B:  3  C:  1A:  4  B:  3  C:  2
A:  4  B:  3  C:  5A:  4  B:  5  C:  1A:  4  B:  5  C:  2A:  4  B:  5  C:  3
A:  5  B:  1  C:  2A:  5  B:  1  C:  3A:  5  B:  1  C:  4A:  5  B:  2  C:  1
A:  5  B:  2  C:  3A:  5  B:  2  C:  4A:  5  B:  3  C:  1A:  5  B:  3  C:  2
A:  5  B:  3  C:  4A:  5  B:  4  C:  1A:  5  B:  4  C:  2A:  5  B:  4  C:  3
共有60种组合
```

图 5-7

细心的同学可能发现了，C 的结果与下一组的 A 连到一起了，并且 A、B、C 与值之间的距离有些宽，这样看起来并不友好，这是因为 print 语句：

print("A: %2d B: %2d C: %2d" % (a, b, c), end='') 使用了传统的 C 语言风格的格式化打印方式，在这里“%d”表示格式化一个对象为十进制整数，在需要输出的长字符串中占用一个位置。输出字符串时，可以依据变量的值，自动更新字符串的内容。“%2d”意思是打印结果为 2 位整数，当整数的位数超过 2 位时，按整数原值打印。就是“A: ”和数值“1”之间的空格就是由“%2d”生成，这里可以修改为：

```
print("A: %d  B: %d  C: %d" % (a, b, c),  end=' ')
```

在 end 的单引号结果中添加一个空格，表示每组输出后额外加一个空格，效果如图 5-8 所示。

```
A, B, C三人所选玩具方案:
A: 1  B: 2  C: 3 A: 1  B: 2  C: 4 A: 1  B: 2  C: 5 A: 1  B: 3  C: 2
A: 1  B: 3  C: 4 A: 1  B: 3  C: 5 A: 1  B: 4  C: 2 A: 1  B: 4  C: 3
A: 1  B: 4  C: 5 A: 1  B: 5  C: 2 A: 1  B: 5  C: 3 A: 1  B: 5  C: 4
A: 2  B: 1  C: 3 A: 2  B: 1  C: 4 A: 2  B: 1  C: 5 A: 2  B: 3  C: 1
A: 2  B: 3  C: 4 A: 2  B: 3  C: 5 A: 2  B: 4  C: 1 A: 2  B: 4  C: 3
A: 2  B: 4  C: 5 A: 2  B: 5  C: 1 A: 2  B: 5  C: 3 A: 2  B: 5  C: 4
A: 3  B: 1  C: 2 A: 3  B: 1  C: 4 A: 3  B: 1  C: 5 A: 3  B: 2  C: 1
A: 3  B: 2  C: 4 A: 3  B: 2  C: 5 A: 3  B: 4  C: 1 A: 3  B: 4  C: 2
A: 3  B: 4  C: 5 A: 3  B: 5  C: 1 A: 3  B: 5  C: 2 A: 3  B: 5  C: 4
A: 4  B: 1  C: 2 A: 4  B: 1  C: 3 A: 4  B: 1  C: 5 A: 4  B: 2  C: 1
A: 4  B: 2  C: 3 A: 4  B: 2  C: 5 A: 4  B: 3  C: 1 A: 4  B: 3  C: 2
A: 4  B: 3  C: 5 A: 4  B: 5  C: 1 A: 4  B: 5  C: 2 A: 4  B: 5  C: 3
A: 5  B: 1  C: 2 A: 5  B: 1  C: 3 A: 5  B: 1  C: 4 A: 5  B: 2  C: 1
A: 5  B: 2  C: 3 A: 5  B: 2  C: 4 A: 5  B: 3  C: 1 A: 5  B: 3  C: 2
A: 5  B: 3  C: 4 A: 5  B: 4  C: 1 A: 5  B: 4  C: 2 A: 5  B: 4  C: 3
共有60种组合
```

图 5-8

其实在 Python 3 中，这种传统打印方式已明确不推荐，官方更推荐使用 f-string，亦称为格式化字符串常量，它是 Python 3.6 中引入的一种字符串格式化方法，主要目的是使格式化字符串的操作更加简便。f-string 在形式上是以 f 或 F 修饰符引领的字符串（f'xxx' 或 F'xxx'），以大括号（{}）标明被替换的字段，修改最后的 print 语句：

```
print(f' 共有 {count} 种组合 ')
```

小甲鱼老师在《零基础入门学习 Python》（第 2 版 · 微课视频版）中第 28 ～ 33

页有详细介绍，大家可以按需学习。

本节课就到此结束，以后再遇到这种组合问题，不许说不会哦！

自己动手将本节课程序中的 print 打印代码，修改为 f-string 的语法形式。

此外，课后推荐大家阅读一篇文章（可以帮助大家加深对字符串格式化的理解）“字符串格式化语法参考”（https://fishc.com.cn/thread-185807-1-1.html）。

视频讲解

第 6 课　换钱组合

> N-S 图。　　> 输出结果美化。　　> 取余换行。

如果想要将一张 50 元面值的人民币，兑换成 10 元、5 元和 1 元面值的人民币，请问一共有多少种不同的兑换方法？

在第 5 课中学习了循环三要素和 f-string 格式化打印，这些知识你已经可以熟练掌握了。本节课中将通过一个钱币兑换的问题来学习 N-S 图。字母 N 和 S 分别代表“Nassi”和“Shneiderman”这两位发明者（图 6-1）名字的首字母。

图 6-1

N-S 图是结构化编程中的一种可视化建模方法，它可以将程序的控制流程可视化，使得程序的结构更加清晰明了。越是复杂的程序结构，画成 N-S 图就越好理解。N-S 图又叫盒图，因为其形状像个盒子（图 6–2）。

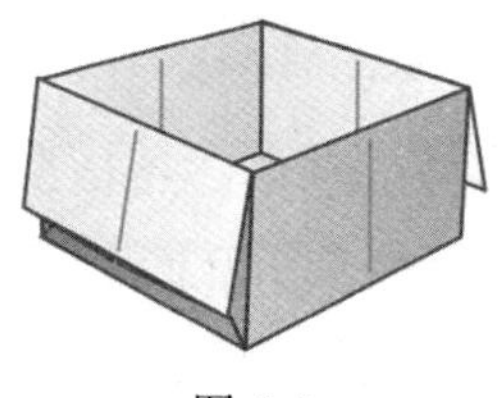

图 6–2

在 N-S 图中，外层循环通常放在最外面的盒子中，内层循环则放在内部的盒子中，以此类推。

在这道题目中，变量 x 代表 10 元面值的可能取值，将取值范围写成列表的形式是 [0,10,20,30,40,50]；变量 y 代表 5 元面值的可能取值，取值范围为 [0,5,10,15,20,25,30,35,40,45,50]；变量 z 代表 1 元的可能取值，取值范围为 [0,1,2,⋯,50]。最终，只有当“x+y+z”的总和为 50 元时，才符合最终的要求。

思路都有了，现在就可以按照循环内外层顺序来正式画 N-S 图。最外层是判断变量 x 的，接下来是判断 y 的一层，然后是判断 z 的一层，最内层为判断三者之和是否为 50，如图 6–3 所示。

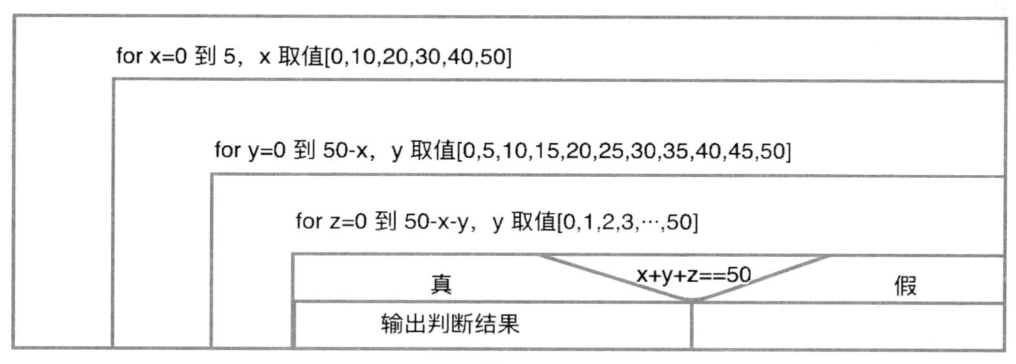

图 6–3

在将盒图转为代码之前，先来讲一个知识点：range() 函数。range() 函数可创建一个整数列表，常常和 for 循环组合来用。语法如下：

```
range(start,stop[,step])
```

其中：start 表示从哪个数开始算起；stop 表示计数到 stop 指定的值结束，但不包含 stop，也就是前算后不算；step 表示步长，其默认值是 1。例如：range(5) 也就是 range(0,5)，取值范围是 0 ～ 4，5 不算在内；range(0,5,2)，取值范围是 [0,2,4]。

这是一个非常实用的函数，因为是相互嵌套，后一个值的取值范围可以用总和 50 减去前一个值。先写出 x、y、z 判断的部分代码，见图 6-4 中第 4 ～ 8 行。

因为 range() 的特性，取值范围若包括 50，stop 值要写成 51。既然题目中要求找出："共有多少种不同的兑换方法？"，所以最内层中如果 x+y+z 为 50 的情况下，需要让变量 count+1 来统计有多少种不同兑换方法。然后就可以打印输出结果，代码见图 6-4 中第 9 ～ 12 行。

此时完整代码如图 6-4 所示。

```
1   count = 0
2   print("可能的兑换方法如下：")
3   # x为10元总和：0, 10, 20, 30, 40, 50
4   for x in range(0, 51, 10):
5       # y为5元总和：0, 5, 10, 15, 20, 25, 30, 35, 40, 45, 50
6       for y in range(0, 51 - x, 5):
7           # z为1元总和：0, 1, .., 50
8           for z in range(0, 51 - x - y, 1):
9               if (x + y + z == 50):
10                  count += 1
11                  print(f"10元{x//10}张 5元{y//5}张 1元{z}张")
12  print(f'共有{count}种组合')
```

图 6-4

运行代码，结果如图 6-5 所示。

```
可能的兑换方法如下:
10元0张 5元0张 1元50张
10元0张 5元1张 1元45张
10元0张 5元2张 1元40张
10元0张 5元3张 1元35张
10元0张 5元4张 1元30张
10元0张 5元5张 1元25张
10元0张 5元6张 1元20张
10元0张 5元7张 1元15张
10元0张 5元8张 1元10张
10元0张 5元9张 1元5张
10元0张 5元10张 1元0张
10元1张 5元0张 1元40张
10元1张 5元1张 1元35张
10元1张 5元2张 1元30张
10元1张 5元3张 1元25张
10元1张 5元4张 1元20张
10元1张 5元5张 1元15张
10元1张 5元6张 1元10张
10元1张 5元7张 1元5张
10元1张 5元8张 1元0张
10元2张 5元0张 1元30张
10元2张 5元1张 1元25张
10元2张 5元2张 1元20张
10元2张 5元3张 1元15张
10元2张 5元4张 1元10张
10元2张 5元5张 1元5张
10元2张 5元6张 1元0张
10元3张 5元0张 1元20张
10元3张 5元1张 1元15张
10元3张 5元2张 1元10张
10元3张 5元3张 1元5张
10元3张 5元4张 1元0张
10元4张 5元0张 1元10张
10元4张 5元1张 1元5张
10元4张 5元2张 1元0张
10元5张 5元0张 1元0张
共有36种组合
```

图 6-5

是不是一下就找出结果了？以后再遇到这种循环嵌套类型问题，只需要将条件梳理成盒图，就可以很快写出程序来。

虽然已经得到了结果，但是过长的输出结果会影响阅读观感。为了美化输出结果，可以将结果按照每行 3 组数据的方式进行排列。实现这个功能的方法很简单，只需要在输出结果时，每输出 3 个数据就添加一个空格，然后输出 9 个数据后再添加换行即可。

通过这种方式可以提高程序的可读性和可用性，使得输出结果更加清晰明了。同时，这也是一个非常实用的技巧，在实际编程中也可以经常使用。

首先要将一列数据变成在一行内打印，在第 5 课学习了 end 属性的用法，可以将第 11 行打印语句修改为

```
print(f"10元{x//10}张 5元{y//5}张 1元{z}张",end="")
```

这样所有数据就会在一行内显示，如图 6-6 所示。

```
可能的兑换方法如下:
10元0张 5元0张 1元50张10元0张 5元1张 1元45张10元0张 5元2张 1元40张10元0张
5元3张 1元35张10元0张 5元4张 1元30张10元0张 5元5张 1元25张10元0张 5元6张 1
元20张10元0张 5元7张 1元15张10元0张 5元8张 1元10张10元0张 5元9张 1元5张10
元0张 5元10张 1元0张10元1张 5元0张 1元40张10元1张 5元1张 1元35张10元1张 5
元2张 1元30张10元1张 5元3张 1元25张10元1张 5元4张 1元20张10元1张 5元5张 1
元15张10元1张 5元6张 1元10张10元1张 5元7张 1元5张10元1张 5元8张 1元0张10元
2张 5元0张 1元30张10元2张 5元1张 1元25张10元2张 5元2张 1元20张10元2张 5元3
张 1元15张10元2张 5元4张 1元10张10元2张 5元5张 1元5张10元2张 5元6张 1元0张
10元3张 5元0张 1元20张10元3张 5元1张 1元15张10元3张 5元2张 1元10张10元3张
5元3张 1元5张10元3张 5元4张 1元0张10元4张 5元0张 1元10张10元4张 5元1张 1元
5张10元4张 5元2张 1元0张10元5张 5元0张 1元0张共有36种组合
```

图 6-6

既然是显示有多少种组合，那么每输出一次结果，就在前面标记上序号，继续修改 print 语句：

```
print(f"{count}. 10元{x//10}张 5元{y//5}张 1元{z}张",end="")
```

这样每次输出结果时就会有序列号，如图 6-7 所示。

```
可能的兑换方法如下:
1. 10元0张 5元0张 1元50张2. 10元0张 5元1张 1元45张3. 10元0张 5元2张 1元40张4. 10元0张 5元3张 1
元35张5. 10元0张 5元4张 1元30张6. 10元0张 5元5张 1元25张7. 10元0张 5元6张 1元20张8. 10元0张 5元
7张 1元15张9. 10元0张 5元8张 1元10张10. 10元0张 5元9张 1元5张11. 10元0张 5元10张 1元0张12. 10
元1张 5元0张 1元40张13. 10元1张 5元1张 1元35张14. 10元1张 5元2张 1元30张15. 10元1张 5元3张 1元2
5张16. 10元1张 5元4张 1元20张17. 10元1张 5元5张 1元15张18. 10元1张 5元6张 1元10张19. 10元1张 5
元7张 1元5张20. 10元1张 5元8张 1元0张21. 10元2张 5元0张 1元30张22. 10元2张 5元1张 1元25张23. 1
0元2张 5元2张 1元20张24. 10元2张 5元3张 1元15张25. 10元2张 5元4张 1元10张26. 10元2张 5元5张 1元
5张27. 10元2张 5元6张 1元0张28. 10元3张 5元0张 1元20张29. 10元3张 5元1张 1元15张30. 10元3张 5
元2张 1元10张31. 10元3张 5元3张 1元5张32. 10元3张 5元4张 1元0张33. 10元4张 5元0张 1元10张34. 1
0元4张 5元1张 1元5张35. 10元4张 5元2张 1元0张36. 10元5张 5元0张 1元0张共有36种组合
```

图 6-7

图 6-6 中，前一组数据的结尾“张”会与前面的序号挨在一起影响阅读，还需要优化一下，在最后一个“张”输出后面加上一个空格，修改 print 语句为：

```
print(f"{count}. 10 元 {x//10} 张 5 元 {y//5} 张 1 元 {z} 张 ",end="")
```

此时输出结果如图 6-8 所示。

```
可能的兑换方法如下:
1. 10元0张 5元0张 1元50张 2. 10元0张 5元1张 1元45张 3. 10元0张 5元2张 1元40张 4. 10元0张 5元3
张 1元35张 5. 10元0张 5元4张 1元30张 6. 10元0张 5元5张 1元25张 7. 10元0张 5元6张 1元20张 8. 10
元0张 5元7张 1元15张 9. 10元0张 5元8张 1元10张 10. 10元0张 5元9张 1元5张 11. 10元0张 5元10张 1
元0张 12. 10元1张 5元0张 1元40张 13. 10元1张 5元1张 1元35张 14. 10元1张 5元2张 1元30张 15. 10
元1张 5元3张 1元25张 16. 10元1张 5元4张 1元20张 17. 10元1张 5元5张 1元15张 18. 10元1张 5元6张
1元10张 19. 10元1张 5元7张 1元5张 20. 10元1张 5元8张 1元0张 21. 10元2张 5元0张 1元30张 22. 10
元2张 5元1张 1元25张 23. 10元2张 5元2张 1元20张 24. 10元2张 5元3张 1元15张 25. 10元2张 5元4张
1元10张 26. 10元2张 5元5张 1元5张 27. 10元2张 5元6张 1元0张 28. 10元3张 5元0张 1元20张 29. 10
元3张 5元1张 1元15张 30. 10元3张 5元2张 1元10张 31. 10元3张 5元3张 1元5张 32. 10元3张 5元4张 1
元0张 33. 10元4张 5元0张 1元10张 34. 10元4张 5元1张 1元5张 35. 10元4张 5元2张 1元0张 36. 10元5
张 5元0张 1元0张 共有36种组合
```

图 6-8

最后一步就可以通过 count 值来实现指定值的换行，既然要求 3 组数据一行，就可以通过取余运算符“%”来实现。余数就是指整数除法中被除数未被除尽的部分，且余数的取值范围为 0 到除数之间（不包括除数）的整数。例如：27 除以 6，商数为 4，余数为 3，写成代码如下：

```
>>> 27 % 6
3
```

从上面结果可知，count 取值范围为 0 ～ 36，那么当 count 取值为 3、6、9、12 等这些可以整除 3 的数字时，进行换行即可。修改代码如图 6-9 所示。

```
11                  print(f"{count}. 10元{x//10}张 5元{y//5}张 1元{z}张 ", \
12                      end="")
13                  if (count % 3 == 0):
14                      print("")
15  print(f'共有{count}种组合')
```

图 6-9

这样就可以实现一行有 3 组数据了，结果如图 6-10 所示。

```
可能的兑换方法如下:
1. 10元0张 5元0张 1元50张 2. 10元0张 5元1张 1元45张 3. 10元0张 5元2张 1元40张
4. 10元0张 5元3张 1元35张 5. 10元0张 5元4张 1元30张 6. 10元0张 5元5张 1元25张
7. 10元0张 5元6张 1元20张 8. 10元0张 5元7张 1元15张 9. 10元0张 5元8张 1元10张
10. 10元0张 5元9张 1元5张 11. 10元0张 5元10张 1元0张 12. 10元1张 5元0张 1元40张
13. 10元1张 5元1张 1元35张 14. 10元1张 5元2张 1元30张 15. 10元1张 5元3张 1元25张
16. 10元1张 5元4张 1元20张 17. 10元1张 5元5张 1元15张 18. 10元1张 5元6张 1元10张
19. 10元1张 5元7张 1元5张 20. 10元1张 5元8张 1元0张 21. 10元2张 5元0张 1元30张
22. 10元2张 5元1张 1元25张 23. 10元2张 5元2张 1元20张 24. 10元2张 5元3张 1元15张
25. 10元2张 5元4张 1元10张 26. 10元2张 5元5张 1元5张 27. 10元2张 5元6张 1元0张
28. 10元3张 5元0张 1元20张 29. 10元3张 5元1张 1元15张 30. 10元3张 5元2张 1元10张
31. 10元3张 5元3张 1元5张 32. 10元3张 5元4张 1元0张 33. 10元4张 5元0张 1元10张
34. 10元4张 5元1张 1元5张 35. 10元4张 5元2张 1元0张 36. 10元5张 5元0张 1元0张
共有36种组合
```

图 6-10

自己动手将图 6-9 相应的代码补全。

第 7 课　谁才是夫妻

> N-S 盒图应用。 > 逻辑操作符 and 与 or。 > 穷举法。

有三对情侣要结婚，假设三位男生是 A、B、C，三位女生是 X、Y、Z。他们三对情侣比较调皮，准备让小师妹来猜一下谁和谁结婚。这六位新人中的三位给小师妹如下提示：

- A 说他要和 X 结婚。
- X 说她的未婚夫是 C。
- C 说他要和 Z 结婚。

最后还有一位只说真话的人告诉小师妹，刚才三个人说的都是假话，根据上面的提示，通过编程帮助小师妹找出三对情侣的真正婚姻关系。

掌握第 6 课所讲的 N-S 盒图，绝对会让我们的开发能力有质的提升。当然，光脑子学会可不行，一定要不断重复练习，毕竟“实践才是检验真理的唯一标准”。

题干中的条件看上去比较复杂，容易让人摸不清思路，需要一步一步进行“抽丝剥茧”。可以设三个变量 x、y、z 分别代表与 X、Y、Z 配对的丈夫，它们可能的取值范围都是 ['A','B','C']。定义一个 boy 列表来存放它们：boy=['A','B','C']。其中 boy[0] 的值就是 A，以此类推。

根据小师妹得到的提示“A 的新娘不是 X”，用代码表示就是：

```
x != 'A'
```

同理，可以分析出以下这些结论：

- x!='A' — A 的新娘不是 X。
- x!='C' — 与 X 结婚的不是 C。
- z!='C' — C 的新娘不是 Z。
- x!=y — 与 X 结婚的不会与 Y 结婚。
- x!=z — 与 Y 结婚的不会与 Z 结婚。
- y!=z — 与 Y 结婚的不会与 Z 结婚。

将上面的判断依据组合起来，就可以找到变量 x、y、z 所满足的条件。那如何组合呢？这就是本节课的重点，也就是将上面的条件用逻辑操作符来组成最终的判断条件。新手最常用的逻辑操作就是 and、or、not。

and 表示布尔“与”，逻辑表达式为 x and y。表示如果 x 为 False，x and y 返回 False，否则返回 y 的计算值。

or 表示布尔“或”，逻辑表达式为 x or y。表示如果 x 非 0 值，返回 x 的计算值，否则返回 y 的计算值。

not 表示布尔“非”，逻辑表达式为 not x。表示如果 x 为 True，返回 False；如果 x 为 False，则返回 True。

上面得到的结论之间都需同时满足，所以是 and 关系。将这里的结论组合成一条判断条件：

```
x != boy[0] and x != boy[2] and z != boy[2] and x != y and x !=
z and y != z
```

找到这个关键条件以后，就可以在程序中使用三重循环来穷举 x、y、z 的所有取值。

```
for x in boy:
    for y in boy:
        for z in boy:
```

找出满足上面条件的 x 值、y 值和 z 值，就是我们要的答案。x 循环是最外层，其次是 y、z，最内层的判断就是上面的判断条件。可以按照上面的思路先来绘制 N-S 盒图，读者可以先暂停不要往下阅读，自己尝试画一下，然后再和图 7-1 进行对比。

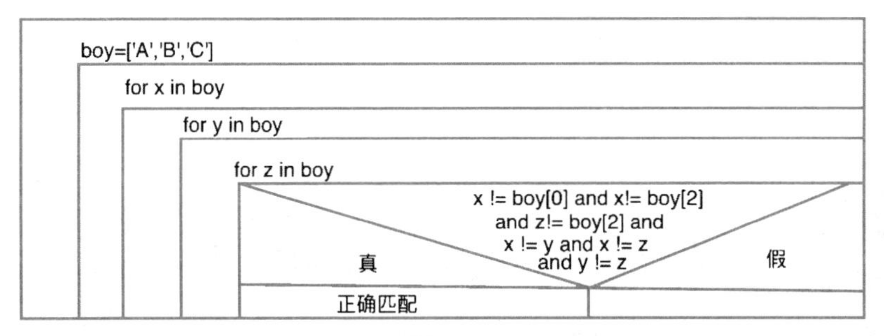

图 7-1

N-S 盒图如果没问题了，代码就近在眼前了，按照 N-S 盒图内外层关系整理成代码，如图 7-2 所示。

```
1   # 三个新郎为A、B、C，三个新娘为X、Y、Z
2   boy = ['A', 'B', 'C']
3   # 定义新郎列表
4   #穷举所有可能情况
5   for x in boy:
6       for y in boy:
7           for z in boy:
8               if x != boy[0] and x != boy[2] and z != boy[2] \
9                   and x != y and x != z and y != z:
10                  print("结果为：")
11                  print(f"\tX与{x}结婚\n\tY与{y}结婚\n\tZ与{z}结婚")
```

图 7-2

运行结果如图 7-3 所示。

```
结果为：
        X与B结婚
        Y与C结婚
        Z与A结婚
```

图 7-3

好好体会 N-S 盒图和程序的关系，如果上面的 N-S 盒图没画正确，一定要勤加练习，直到正确才可以。

第 8 课　谁在骗人

> 巩固逻辑分析。
> 多条件组合的优化。

大家都理解第 7 课的配对问题了吗？如果理解了，那么以后类似“逻辑推断”的问题，解法都是相似的，核心点就是“从问题中抽象出条件”。一旦找到条件，代码也就迎刃而解了。当然，找出条件的这一步，通常可以体现不同人“理解能力”的差异，但是熟能生巧，因此，本节课将继续升级难度。

现有 A、B、C 三个人，A 说 B 在说谎，B 说 C 在说谎，而 C 说 A 和 B 两人都在说谎。还是通过编程求出这三个人当中到底谁说的是真话，谁说的是假话。

先来好好分解一下本节课的题目。A、B、C 三个人都可能说真话，也都可能说假话，那么如何判断他们到底谁在说谎呢？

从问题描述，可以推断出如下三个结论。

- A 说 B 在说谎，因此，如果 A 说的是真话，那么 B 就在说谎；反之，如果 A 说谎，B 说的就是真话。
- B 说 C 在说谎，因此，如果 B 说的是真话，那么 C 就在说谎；反之，如果 B 说谎，C 说的就是真话。
- C 说 A 和 B 两人都在说谎，因此，如果 C 说的是真话，那么 A 和 B 两人就都在说谎；反之，如果 C 说谎，则 A 和 B 至少一人说的是真话。

学到现在，我们应该已经养成一个思维习惯：“结论就是判断条件”，有判断条件就可以转换成代码。要想解决本问题，首先考虑穷举法，那么，将问题分析中得到的这三个结论分别转换成表达式的形式。

用变量 x、y、z 分别代表 A、B、C 三人说话的真假情况。当 x、y、z 的值为 1 时表示这人说的是真话，值为 0 时表示这人说的是假话。使用表达式依次整理为代码。

A 说真话，B 说谎，写成代码：x==1 and y==0。

A 说谎，B 说真话，写成代码：x==0 and y==1。

B 说真话，C 说谎，写成代码：y==1 and z==0。

B 说谎，C 说真话，写成代码：y==0 and z==1。

C 说真话，A 和 B 都说谎，写成代码：z==1 and x==0 and y==0。

C 说谎，A 和 B 至少一人说真话，写成代码：z==0 and x+y !=0。

在 Python 中，有了关系运算符和逻辑运算符以后，就可以使用逻辑表达式进行条件整合。

上面的条件中 A“说真话”和“说谎”为“or”的逻辑关系，任意一个成立即可：

```
x == 1 and y == 0 or x == 0 and y == 1
```

其中，“y ==0”可以用“not y”代替，“x ==1”直接写成“x”即可：

```
(x and (not y) or (not x) and y)
```

同理可以将 B 和 C 整理为：

```
(y and (not z) or (not y) and z)
(z and x ==0 and y==0 or (not z) and x+y !=0)
```

A、B、C 三人的条件关系是“与”，必须都成立才能找出谁在骗人。将上面的表达式进行整理就得到一个表达式：

```
(x and (not y) or (not x) and y) and
(y and (not z) or (not y) and z) and
(z and x ==0 and y==0 or (not z) and x+y !=0)
```

作为新手还是要先画出盒图辅助理解，梳理程序的关系，如图 8-1 所示。

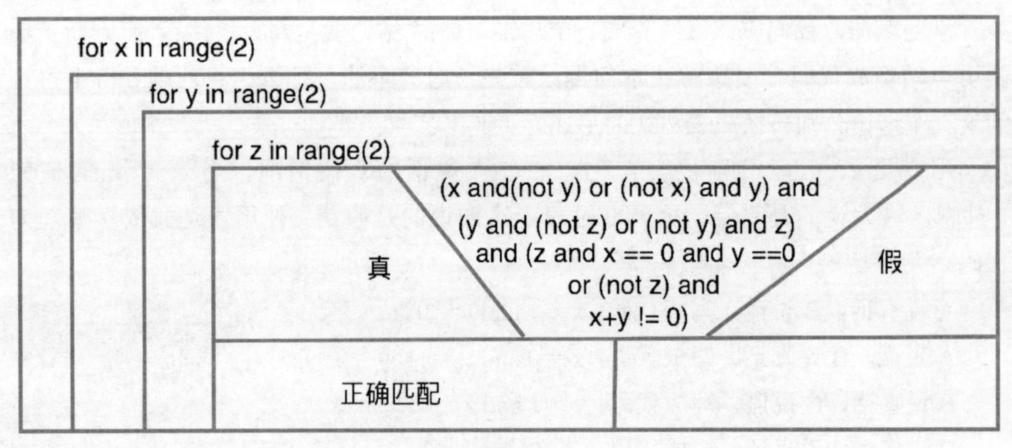

图 8-1

正确匹配中还需要加一个 if 语句来判断输出。如果 x 为 1 说明 a 为真，反之为假。如果 y 为 1 说明 b 为真，反之为假。如果 z 为 1 说明 c 为真，反之为假。将上述所有这些条件写成代码，如图 8-2 所示。

```
1   #用变量x、y、z分别代表A、B、C三人说话的真假情况
2   #当x、y、z的值为1时表示对应人说真话，反之为假
3   if __name__ == "__main__":
4       for x in range(2):
5           for y in range(2):
6               for z in range(2):
7                   if(x and (not y) or (not x) and y) \
8                       and (y and (not z) or (not y) and z) \
9                           and (z and x == 0 and y == 0 or (not z)\
10                              and x+y != 0):
11                      a = '真' if x == 1 else '假'
12                      b = '真' if y == 1 else '假'
13                      c = '真' if z == 1 else '假'
14                      print(f"张三说的是{a}话")
15                      print(f"李四说的是{b}话")
16                      print(f"王五说的是{c}话")
```

图 8-2

运行代码，结果如图 8-3 所示。

```
张三说的是假话
李四说的是真话
王五说的是假话
```

图 8-3

这里运用了 Python 唯一的一个三元运算符，这是一种类似于 C 语言中的三元运算符（?:）的写法。Python 是一种极简主义的编程语言，因此它没有引入（?:）这个新的运算符，而是使用已有的（if…else）关键字配合来实现相同的功能。比如：

```
if x == 1:
    a = '真'
else:
    a = '假'
```

三元运算符等价的实现形式如下：

```
a = '真' if x == 1 else '假'
```

使用三元运算符的结构，一行代码就可以完成了，是不是非常简洁？

请将下面的 if…else 结构修改成三元运算符的实现形式：

```
if a > b:
    max = a;
else:
    max = b;
```

视频讲解

第 9 课　流程图和盒图

> 顺序结构。　> 选择结构。　> 循环结构。

经过前面内容的学习，相信读者已经知道什么是流程图和盒图了，但是，让初学者独立选择使用哪种图时，往往都会不知所措。流程图和盒图到底有什么区别呢？什么时候应该使用流程图？什么时候使用盒图更合适呢？

这节课就带大家整理一下流程图和盒图的使用区别，毕竟知其然还要知其所以然。先说结论：流程图和盒图的使用区别在于程序结构的不同。接下来的内容主要以画图为主，代码会比较少。

日常工作中编写的程序，往往都是“顺序结构、选择结构、循环结构”这三种结构的组合。而这三种结构在之前的内容中都出现过，不同的结构拥有不同的代码风格。

那么就先从使用最广泛的顺序结构说起吧。

9.1　顺序结构

顺序结构是程序开发中使用最多的一种结构，该结构通常用来描述顺序执行的程序。归纳起来就是“三步走”：输入数据 + 处理数据 + 输出数据。

这就是最简单的顺序结构，在流程图中就是用流程线将程序自上而下连接起来，按顺序依次执行，如图 9-1 所示。

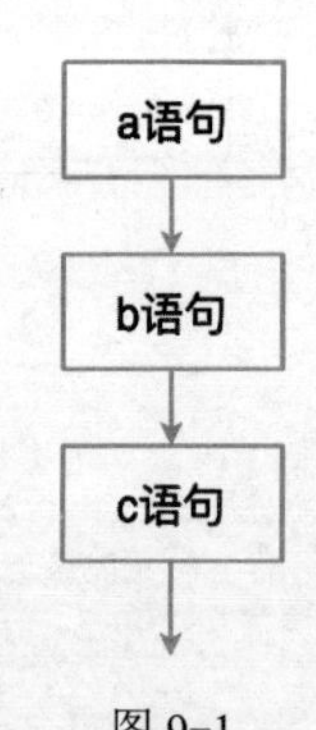

图 9-1

程序执行按照箭头的方向从前到后，执行完上一条语句，才会执行下一条。无论是简单问题还是复杂问题，想使用顺序结构来描述算法，必须将解决问题的方法描述成可以顺序执行的操作步骤。

第 3 课中的“百钱百鸡”问题是求解“不定方程整数解的问题”，通过穷举法依次对公鸡、母鸡、小鸡进行赋值，来“试”出结果。当然仅用顺序结构无法独立完成该程序，通常都会用到本节课要讲的其他两种结构。总之，顺序结构是程序的基石，就像建造大楼的“脚手架”一样，为程序正确运行提供支持。

9.2 选择结构

有了选择，程序才有了“灵魂”。很多时候，程序需要根据给定的条件做出选择。类似鱼 C 经常举办的抽奖送书活动，只有符合“关注和转发”条件的粉丝，才能获得参加抽奖的资格，不满足条件，则无法进入中奖名额范围中。在很多游戏中也会用到选择结构，例如程序会判断玩家的生命值，如果玩家的生命值大于 0，就让玩家继续游戏，否则就结束游戏。

选择结构可以用来实现控制逻辑，根据可选择分支的多少，通常可以分为单分支、双分支、多分支三种。在流程图中使用菱形框来表示选择判断，当条件成立执行 a 语句，否则执行 b 语句，如图 9-2 所示。

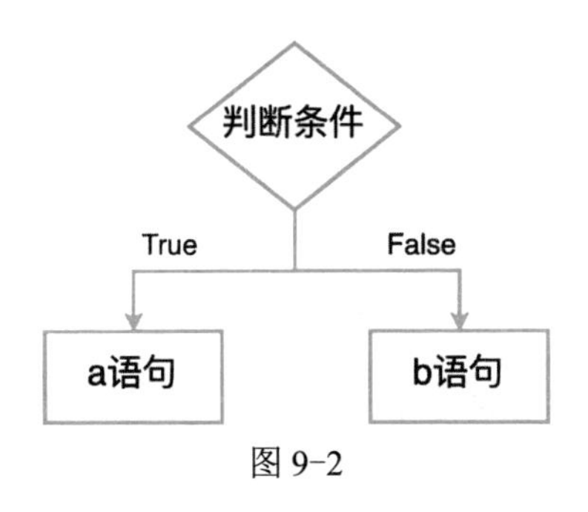

图 9-2

将给定条件写在判断框内，两个出口分别指向两个不同的分支。在指定条件成立的出口处标明 True 或者 False。在 Python 中使用 if 语句来描述单分支结构。满足判断条件即为 True，执行语句体，否则执行 if 语句后面的代码。例如当读者看完作者的视频后，如果喜欢就会打印“点赞”，写成 Python 代码就是：

```
like = input('喜欢作者的视频吗')
if like == '喜欢':
    print('点赞')
```

如果程序中只有上面 if…这一种单一结构，很容易就可以画出流程图。在 Python 中，除了 if 语句，还有双分支结构的 if…else…语句。当给定的条件满足，选择执行 if 语句体，否则选择执行 else 语句体。流程图和单分支一样，只不过这次是有 else 的语句。还是用上面的例子，如果 like 值不是“喜欢”，就会打印“还要努力”：

```
like = input('喜欢作者的视频吗')
if like == '喜欢':
    print('点赞')
else:
    print('还要努力')
```

通过组合或者嵌套多个 if 语句就可以实现多分支结构，往往有如下 3 种形式。

1. 多个 if 语句并列实现多分支

这是很多新手最喜欢使用的一种结构，简单易懂，多个 if 语句组合在一起。

```
if number < 33:
    pass
if number == 33:
    pass
if number > 33 and number < 40:
    pass
if number >= 40:
    pass
```

pass 语句表示“空语句”，什么操作也没有，当占位符使用。上述程序中的所有条件，都用相互独立的 if 语句来实现，彼此相互独立。但这种结构只能画成流程图，没办法画成盒图，因为盒图是需要嵌套关系的。

2. 嵌套使用多个 if 或 if…else 实现多分支选择结构

这是日常开发中十分常见的结构，例如实现上面代码的同时，还可以少写一句：

```
if number < 33:
    pass
else:
    if number == 33:
        pass
    else:
        if number > 33 and number < 40:
            pass
        else:
            pass
```

这种结构有个缺点，就是分支越多，缩进就越多，建议读者不要超过三层。这种结构就适合画成盒图，如果画流程图，因为分支太多就会显得非常“乱”。当然了，画图的目的是帮助自己理清思路，而不是将自己“搞晕”。

3. 使用 if…elif…else 优化结构

if…elif…else 结构和多个 if 结构类似，是一种平面化结构。

```
if number < 33:
    pass
elif number == 33:
    pass
elif number > 33 and number < 40:
    pass
else:
    pass
```

利用 elif 语句代替 else…if 语句就能使用多层缩进结构平面化，提高代码的可读性，这种结构非常适合画成盒图。

9.3 循环结构

在程序设计中，算法的某些操作步骤在一定的条件下会被重复执行，这就要用到“循环结构”。通常循环结构由“循环控制语句 + 循环条件 + 循环体”三种元素组成。反复执行的操作步骤称为循环体。由若干个操作步骤构成，可以按顺序结构、选择结构或循环结构来组成。大家回忆一下第 5 课（借玩具组合）中的循环，如图 9-3 所示。

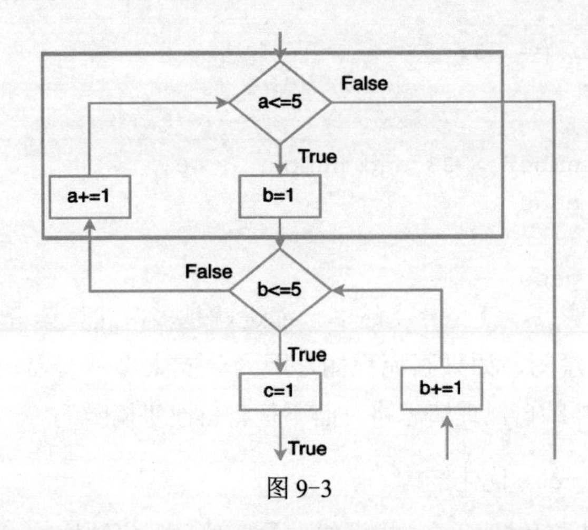

图 9-3

循环控制语句就是 while 循环，循环条件为 a<=5，循环体为 b=1。

在 Python 中，通常使用 while 语句编写循环结构。该循环结构中会使用一个布尔表达式作为循环的控制条件。当条件成立时，执行循环体中的 a 语句；否则结束循环，执行循环结构后续的 b 语句，如图 9-4 所示。

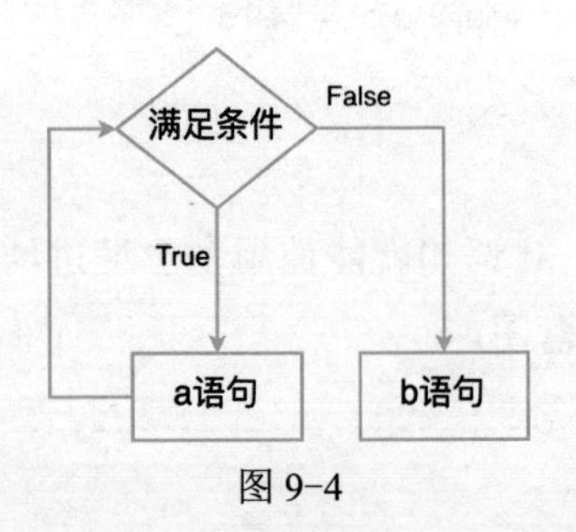

图 9-4

根据循环次数是否确定，可以将循环结构分为计数型循环和条件型循环两种结构。

1. 计数型循环

计数循环，顾名思义这是一种循环次数确定的循环。通常就是采用一个用来计数的变量控制循环的次数，需要我们自己设置该变量的初始值、结束值和增量。循环的结束条件就是计数变量超出给定的范围，通常使用 while 循环来实现。

例如：现在要计算 1 到 100 间的所有自然数之和。如果让我们人类来求解，当然是优先采用高斯求和公式。但如果让计算机来算，那肯定还是“傻算”，不用担心是从 1 到 100 还是到 100000，全部一个一个加起来即可。计数型循环来写程序，就需要确定下面几个条件：

- 计数变量 i 的范围为 [1,100]。
- i 从 1 开始，每次加 1。
- 大于 100 结束。
- 每次求和的值放在变量 s 中。

梳理出这些条件，就可以快速写出代码：

```
s = 0
i = 1
while i <= 100:
    s = s + i
    i += 1
print(s)
```

2. 条件型循环

如果理解了上面的计数型循环，那条件型循环就很好理解了。上面是确定次数的循环，那条件型循环就是不确定次数的循环结构。通常采用标记值控制循环，当标记值条件不成立时，循环才会结束。在循环体内一定要改变循环条件的语句，让循环可以结束；否则会无休止地运行，就是常说的“死循环”，如图 9-5 所示。

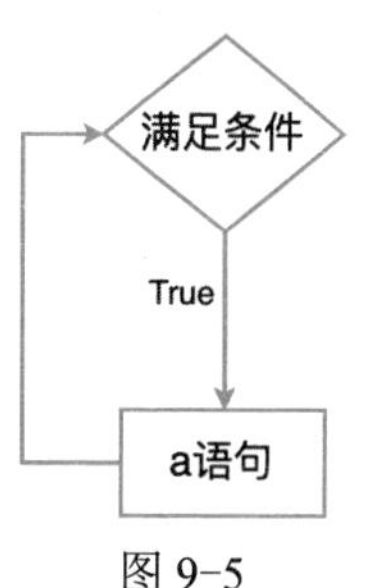

图 9-5

使用标记变量 state 来控制循环，初始值为 True，激活循环，重复执行循环体中的 a 语句。在循环体中，判断如果给定的布尔条件表达式成立，就修改 state 的值为 False，下一次再进入循环就结束，如图 9-6 所示。

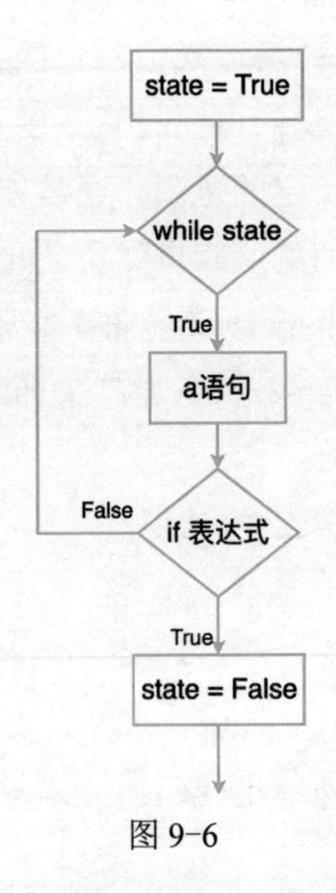

图 9-6

严格来说，计数型循环是可以用条件型循环来实现的。

最后，再给读者介绍两种干预循环的语句：continue 和 break。在循环体中，当某个条件满足时，使用 continue 语句可以立即结束本轮循环。而 continue 语句之后的代码会被忽略，跳转到循环结构开始处，开始新一轮的循环。

举个例子，打印 100 以内的所有奇数，可以这么写：

```
i = 0
while i < 100:
    i += 1
    if i % 2 == 0:
        continue
    print(i)
```

当 i 是偶数时，就会提前结束本轮循环，开始下一轮循环。在 continue 语句后面的语句会被忽略，因此整个过程只会输出 100 以内的所有奇数。

break 语句和 continue 语句的区别：当满足某个条件，执行到 continue 语句，直接结束本轮循环；使用 break 语句是强制性退出循环，不用考虑代码是否执行完，也不用管是否还符合条件。例如上面的 continue 换为 break：

```
i = 0
while i < 100:
    i += 1
    if i % 2 == 0:
        break
    print(i)
```

结果就只会看到 1，因为当 i 为 2 的时候，直接 break 退出循环。记住“如果循环中出现 continue 或 break 语句，就不能画盒图”。为什么呢？因为这是“规定”，所以就只能画流程图。如果循环既没有 continue 也没有 break，则盒图或流程图都可以，具体用哪种视情况而定，看哪种最能帮助我们理清思路。

下列程序可以画成盒图吗？如果可以请画出，反之则画出流程图。

```
var = 10
while var > 0:
    print('当前值：', var)
    var -= 1
    if var == 5:
        break
print("执行完毕，Good Bye")
```

视频讲解

第 10 课　测试字符串

- 字符匹配。
- 自定义数据结构——栈。
- for…else…。

判断给定的字符串 s 中括号的写法是否合法。下面是题目的约束条件：

- 字符串仅包含“(”“)”“[”“]”“{”“}”这三种括号的组合。
- 左右括号必须成对编写，比如：“( )”是合法的，“)(”则是非法的。
- 左右括号必须以正确的顺序闭合，比如“{ ( ) }”是合法的，“{ (})”则是非法的。

要解决本节课的问题，我们需要构造一个“特殊”的容器。这个容器之所以特殊，是因为其规定了只能“从前往后填入数据”，并且如果需要提取数据，只能“从后往前提取数据”。

其实合理地利用列表的内置方法，我们就可以实现这个定制的容器。

“从前往后填入数据”的操作司空见惯，通过列表的 append() 方法实现。

“从后往前提取数据”很多读者则可能是第一次听说，其实可以使用列表的 pop() 方法来实现。

遍历给定的字符串 s 时，当遇到一个左括号时，会期望在后续的遍历中，有一个相同类型的右括号将其闭合，比如“[ ]”。但是，如果遇到的场景类似这种“{ [( )]

}”括号嵌套的情况，也就是连续出现多个左括号，那么先出现的那个就不能急着去匹配，需要等待后面的匹配完，才能轮到它进行匹配。

下面举个例子分析一下具体的思路。比如 s 是“[( )]”，这样就得先匹配内部的“( )”，然后再匹配外面的“[ ]”。这时就要用到那个特殊列表了。当遇到左括号的时候，就把它塞到特殊列表中，如图 10-1 所示。

'['	'('

图 10-1

当遇到右括号时，在特殊列表的末尾提取一个元素进行匹配。这里第三个元素是“)”，从特殊列表的尾部提取出“(”，匹配成功，放行。继续下一个“]”，此时特殊列表中只剩下“[”，也匹配成功，所以打印出“合法”。

思路就是如此，结合这些分析，可以知道程序肯定要用到“循环”。因为遇到我们要找的就要结束循环，所以还会用到 break 语句。经过前面内容的学习，我们知道在循环中如果有 continue 或 break 语句，那么就无法画成盒图。

除了用到循环，还要用到多条件分支结构，毫无疑问画成流程图最合适，如图 10-2 所示。

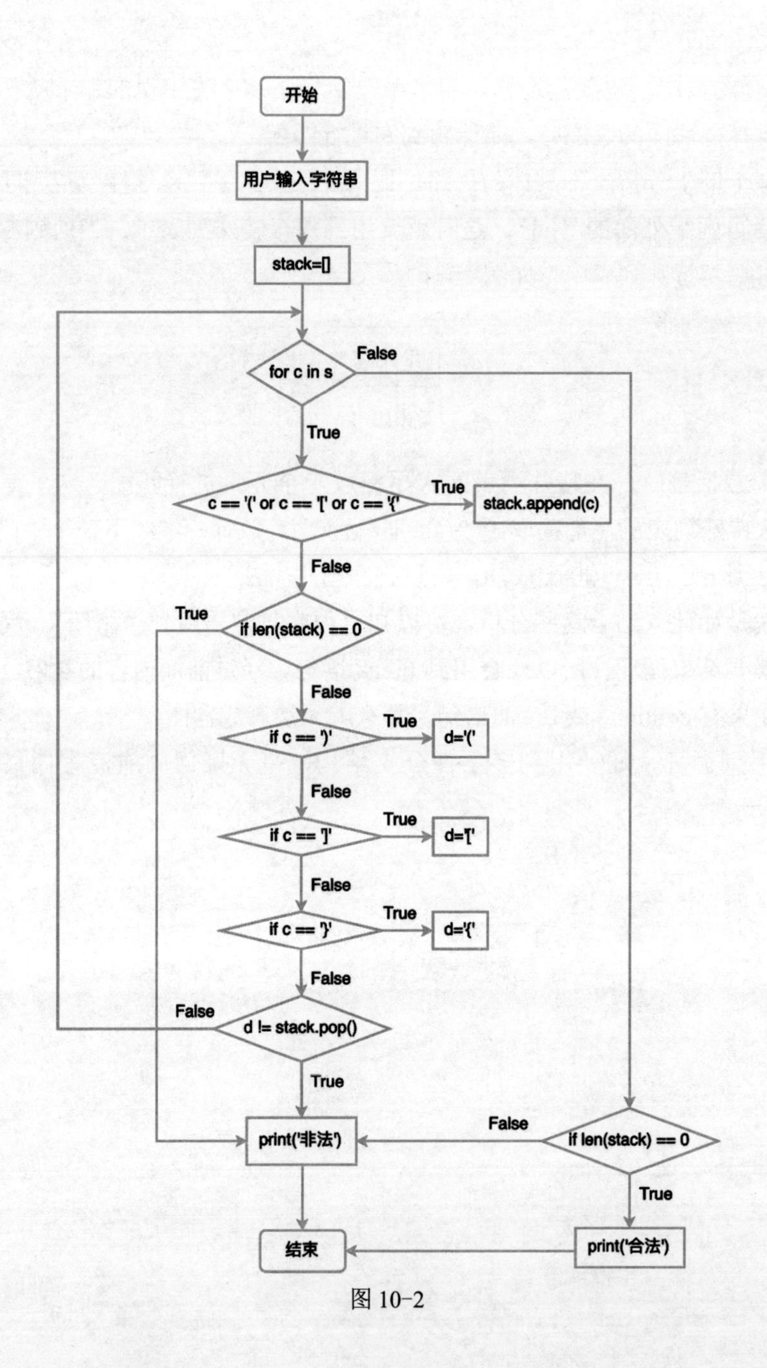
开始
用户输入字符串
stack=[]
for c in s
False
True
c == '(' or c == '[' or c == '{'
True
stack.append(c)
False
True
if len(stack) == 0
False
if c == ')'
True
d='('
False
if c == ']'
True
d='['
False
if c == '}'
True
d='{'
False
False
d != stack.pop()
True
print('非法')
False
if len(stack) == 0
True
print('合法')
结束

图 10-2

这节课会学习一个新的结构 for…else…。这个结构规定：当 for 循环语句中所有内容全部执行完成，才会执行 else 语句的内容；如果中途利用 break 语句跳出 for 循环体，那么后面的 else 语句将不会被执行。

这是一个很“特殊”的语句结构。像之前用过的 if…else…结构，可以理解为“如果…否则…”，if 语句中的内容执行后，就不会执行 else 语句中内容；反之执行 else 语句中内容就不会执行 if 语句中内容。而 for…else…结构就不一样了，只有完整地执行完 for 语句中的内容，中途没有使用 break 语句跳出循环体，才会执行 else 语句中内容；如果循环中遇到 break 语句跳出循环体，else 语句块也就不会被执行了。

先完成流程图最外层获取数据，for…else…部分的代码如图 10-3 所示。

```
1   s = input("请输入测试字符串：")
2   stack = []
3   for c in s:
4       #待完成1
5   else:
6       #待完成2
```

图 10-3

接下来完成 for 循环中“待完成 1”部分的代码，遍历存储测试字符串值的列表 s，如果 c 为“(”“[”或者“{”，那么将 c 通过 append() 插入到 stack 中；否则就判断 c 是否为“)”“]”或者“}”，如果是的话，分别将变量 d 设为对应的括号，如图 10-4 所示。

```
1   s = input("请输入测试字符串：")
2   stack = []
3   for c in s:
4       if c == '(' or c == '[' or c == '{':
5           stack.append(c)
6       else:
7           if c == ')':
8               d = '('
9           elif c == ']':
10              d = '['
11          elif c == '}':
12              d = '{'
```

图 10-4

此时，如果 stack 为空，说明是非法的。如果 d 不是 stack 的最后一个值，说明也是非法的，如图 10-5 所示。

```
13              if len(stack) == 0:
14                  print("非法T_T")
15                  break
16              if d != stack.pop():
17                  print("非法T_T")
18                  break
```

图 10-5

最后，就是在图 10-3“待完成 2”部分中实现判断 stack 的长度，此时如果 stack 依旧为空说明合法，反之为非法，如图 10-6 所示。

```
16              if d != stack.pop():
17                  print("非法T_T")
18                  break
19  else:
20      if len(stack) == 0:
21          print("合法^o^")
22      else:
23          print("非法T_T")
```

图 10-6

完整程序的运行结果如图 10-7 所示。

```
请输入测试字符串：(){}[]
合法^o^

=====================
请输入测试字符串：({}]
非法T_T
```

图 10-7

善于观察的读者应该觉察到了，程序中有个变量叫 stack。什么意思呢？ stack 就是“栈”，是一种运算受限的线性表，限定仅在表尾进行插入和删除操作的线性表。这一端被称为栈顶，相对地，向一个栈插入新元素又称作进栈、入栈或压栈，它是把新元素放到栈顶元素的上面，使之成为新的栈顶元素；从一个栈删除元素又称作出栈、退栈或弹栈，它是将栈顶元素删除掉，使其相邻的元素成为新的栈顶元素。

给定一个列表，编写一个函数来寻找每个元素的下一个更大元素。函数的返回值是一个列表，对应输入列表中每个元素的下一个更大元素。如果不存在下一个更大元素，则将该位置的值设为 -1。

比如给定的列表是 `[4, 2, 5, 7, 1, 8, 9]`，那么程序执行后输出的结果应该是 `[5, 5, 7, 8, 8, 9, -1]`。

视频讲解

第 11 课　爱因斯坦的数学题

- while True。
- 定义函数。

爱因斯坦（图 11-1）曾出过一道这样的数学题：“有一条长阶梯，若每步跨 2 阶，则最后剩 1 阶；若每步跨 3 阶，则最后剩 2 阶；若每步跨 5 阶，则最后剩 4 阶；若每步跨 6 阶，则最后剩 5 阶。只有每次跨 7 阶，最后才正好一阶不剩”。那么在 1 到 n 之间，有多少个数可以满足呢？”

图 11-1

光看题目会觉得有些复杂，这里给大家逐句拆解。根据题意，用变量 i 来表示阶梯数，则阶梯数 i 应该同时满足以下条件：

- 若每步跨 2 阶，则最后剩 1 阶，即 i % 2 = 1。
- 若每步跨 3 阶，则最后剩 2 阶，即 i % 3 = 2。
- 若每步跨 5 阶，则最后剩 4 阶，即 i % 5 = 4。

- 若每步跨 6 阶，则最后剩 5 阶，即 i % 6 = 5。
- 若每步跨 7 阶，则最后正好一阶不剩，即 i % 7 = 0。

问题是要求输入一个 n 值，然后计算在 1 到 n 的范围内存在多少个满足要求的阶梯数。我们可以使用 while 循环，并将循环条件设置为 True，以允许重复读入多个 n 值。对于每次读入的 n 值，需要判断在 1 到 n 范围内存在多少个满足要求的阶梯数。

我们可以采用 for 循环，并将循环变量设为 i。根据题意“只有每次跨 7 阶，最后才正好一阶不剩”，可以将变量 i 的初始值设为 7。循环条件为“i < n+1”。

在循环体中，可以使用问题分析中列出的 5 个条件来检验每一个 i 值，只有同时满足所有条件的 i 值才是我们所需的阶梯数。读者可以根据上述分析独立完成流程图，如图 11-2 所示。

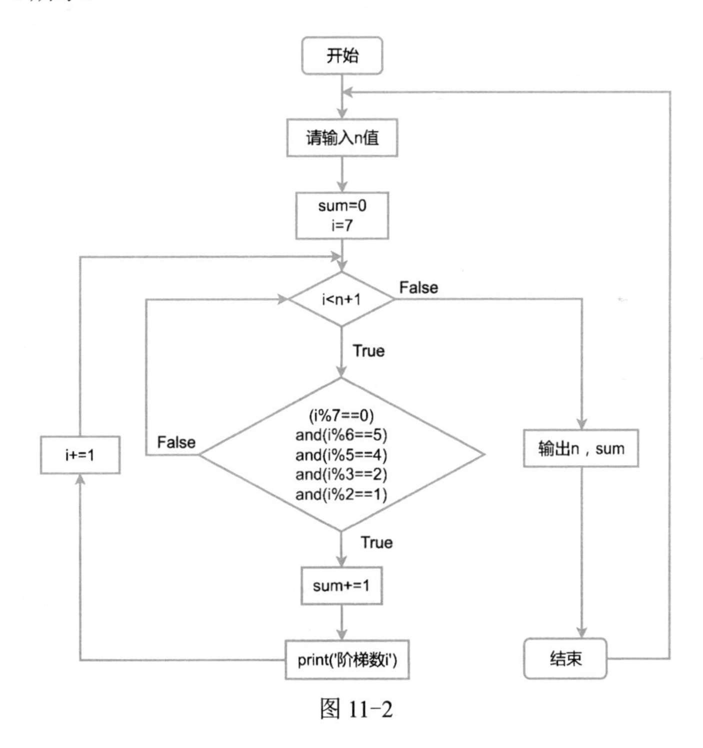

图 11-2

根据流程图可以知道，程序的主体是一个循环结构，要由用户指定 n 值，输入完成后进行判断。判断结束后显示结果，然后再次提示用户输入。这个循环过程，可以将输入和 while 语句进行结合：

```
while True:
    n = int(input("请输入n值:"))
```

在不主动跳出代码的情况下，将循环条件设置为 True，就可以实现无限循环的操作。

创建变量 sum 来统计符合要求的数值数量。接下来使用 for 循环检查每一个 i 值是否满足判断条件，代码见图 11-3 中第 1 行和第 2 行。

在 for 循环中通过 if 语句将上面梳理的 5 个条件组合在一起，条件之间是同时满足（and）的关系。如果条件全部满足，就是要找的数字，此时让 sum 加 1，并打印该数，最后结束 for 循环后，打印出有多少个满足要求的数。代码如图 11-3 所示。

```
1   sum = 0
2   for i in range(7, n + 1):
3       if (i % 7 == 0) and (i % 6 == 5) \
4           and (i % 5 == 4) and (i % 3 == 2)\
5               and (i % 2 == 1):
6           sum += 1
7           print(f"在1-{n}之间的阶梯数为: {i}")
```

图 11-3

运行代码看结果，如图 11-4 所示。

```
请输入n值: 100
在1-100之间, 有0个满足要求的数
请输入n值: 1000
在1-1000之间的阶梯数为: 119
在1-1000之间的阶梯数为: 329
在1-1000之间的阶梯数为: 539
在1-1000之间的阶梯数为: 749
在1-1000之间的阶梯数为: 959
在1-1000之间, 有5个满足要求的数
```

图 11-4

以上就是爱因斯坦数学题的解。

再来学习一个重要的知识：函数。函数是一组语句的集合，用来实现某种特定功能。函数可简化脚本，函数包括内置函数和自定义函数。像我们经常使用的 print()、input()、len() 等都是 Python 内置函数。在 Python 中使用 def 来声明一个函数，完整的函数由函数名、参数、函数体、返回值 4 部分组成。

声明函数的形式如下：

```
def 函数名(参数):
    函数体
    return 返回值
```

参数和返回值不是必需的，当没有设置返回值的时候，该函数的返回值默认是 None。通常自定义函数就是用来简化代码，例如定义一个名为 computingLadder() 的函数，并将上面代码中寻找数的部分放入其中，如图 11-5 所示。

```
1  def computingLadder():
2      sum = 0
3      for i in range(7, n + 1):
4          if (i % 7 == 0) and (i % 6 == 5) \
5              and (i % 5 == 4) and (i % 3 == 2) \
6                  and (i % 2 == 1):
7              sum += 1
8              print(f"在1-{n}之间的阶梯数为：{i}")
9      print(f"在1-{n}之间，有{sum}个满足要求的数")
```

图 11-5

这样就完成了函数的创建，接下来就是调用这个函数。在 Python 中自定义函数与内置函数调用方法相同，只要使用函数名，就可以实现函数 computingLadder() 的调用。

将调用部分放在 while True 中，如图 11-6 所示。

```
 9        print(f"在1-{n}之间，有{sum}个满足要求的数")
10
11    while True:
12        n = int(input("请输入n值:"))
13        computingLadder()
```

图 11-6

这样就完成了函数的创建与调用，此时运行脚本，输入n值后会报错。这是因为还需要将获取到的n传入函数中，此时就需要设置参数。由于只需要将n传入computingLadder()，所以在定义函数时，只需在“()”中指定一个形式参数，简称“形参”，形参的名字可以任意，为了让大家更好地进行区分，我们将函数定义中是“n”的地方替换为“x”，见图 11-7 中第 1 行和第 3 行。

最后一步只需在调用函数时，传入一个实际的参数，简称“实参”，就可以让函数生效，代码正确运行起来，如图 11-7 所示。

```
 1    def computingLadder(x):
 2        sum = 0
 3        for i in range(7, x + 1):
 4            if (i % 7 == 0) and (i % 6 == 5) \
 5                and (i % 5 == 4) and (i % 3 == 2) \
 6                    and (i % 2 == 1):
 7                sum += 1
 8                print(f"在1-{n}之间的阶梯数为: {i}")
 9        print(f"在1-{n}之间，有{sum}个满足要求的数")
10
11    while True:
12        n = int(input("请输入n值:"))
13        computingLadder(n)
```

图 11-7

在声明函数时，预先为参数设置一个默认值。当调用参数时，如果某个参数具有默认值，则可以不向函数传递该参数。如果有多个参数，则不同的参数之间要以逗号（,）分隔。

后续通过更多案例来逐步解锁函数的玩法和优势，这节课大家只要学会如何成功创建和调用函数即可。

自己动手将下面代码中的注释部分封装到函数 myAbs() 中，并顺利实现取绝对值功能，如图 11-8 所示。

```
while True:
    n = int(input("请输入n值:"))
    '''
    if n >= 0:
        print(n)
    else:
        print(-n)
    '''
```

```
请输入n值: 9
9
请输入n值: -33
33
```

图 11-8

视频讲解

第 12 课　凯撒加密的奥义

> ord()。　> chr()。

《罗马帝王传》中描述了古罗马凯撒大帝在公元 2 世纪使用的一种加密方法。它通过将字母按字母表中的顺序后移 3 位，如将字母 A 换成字母 D，将字母 B 换成字母 E，以此类推，从而起到加密的作用。假如有这样一道命令“RETURN TO ROME”，使用凯撒的方法加密之后就变成了“UHWXUQ WR URPH”这样的密文。这样即使被敌军截获，也无法从字面上直接获取有用的信息。

在《罗马帝王传》中还说到解密的方法:“如果想知道它们的意思，得用第四个字母置换第一个字母，即将 D 替换为 A，E 替换为 B，以此类推”。当凯撒的将领们收到密文后，会按此法将密文还原，然后执行凯撒的命令。虽然没有史书记载凯撒加密术在当时使用的效果如何，但是从凯撒所取得的军事成就来看，相信它在当时也是安全可靠的。本节课将利用计算机程序来实现凯撒加密。

用户输入一段英文，只加密字母，加密规则：将字母 A 换作字母 D，B 变成 E，以此类推，X 将变成 A，Y 变成 B，Z 变成 C，加密时区分大小写。为了方便查询，先按照凯撒加密法的规则制成明文和密文字母对照表，如下：

明文字母表：ABCDEFGHIJKLMNOPQRSTUVWXYZ
密文字母表：DEFGHIJKLMNOPQRSTUVWXYZABC

小写也是一样的，这样通信时，利用对照表很容易实现明文和密文之间的转换。例如，明文是“I LOVE FISHC”，那么按照上面的映射规则，密文是“L ORYH ILVKF”。

上面是通过查表的方式对信息进行加密，使用计算机也可以通过类似的方法实现，不过需要查询的是 ASCII 编码表。

ASCII（American Standard Code for Information Interchange，美国信息交换标准代码）是基于拉丁字母的一套计算机编码系统，主要用于显示现代英语和其他西欧语言，如图 12-1 所示。

例如：大写字母 A 的 ASCII 码为 65，小写字母 a 的 ASCII 码为 97。此外英文字母的大小写是分别连续的。大写字母 A ～ Z 的 ASCII 码是 65 ～ 90，小写字母 a ～ z 的 ASCII 码是 97 ～ 122。

32	(space)	48	0	64	@	80	P	96	`	112	p
33	!	49	1	65	A	81	Q	97	a	113	q
34	"	50	2	66	B	82	R	98	b	114	r
35	#	51	3	67	C	83	S	99	c	115	s
36	$	52	4	68	D	84	T	100	d	116	t
37	%	53	5	69	E	85	U	101	e	117	u
38	&	54	6	70	F	86	V	102	f	118	v
39	'	55	7	71	G	87	W	103	g	119	w
40	(	56	8	72	H	88	X	104	h	120	x
41	)	57	9	73	I	89	Y	105	i	121	y
42	*	58	:	74	J	90	Z	106	j	122	z
43	+	59	;	75	K	91	[	107	k	123	{
44	,	60	<	76	L	92	\	108	l	124	|
45	-	61	=	77	M	93	]	109	m	125	}
46	.	62	>	78	N	94	^	110	n	126	~
47	/	63	?	79	O	95	_	111	o		

图 12-1

利用 ord() 函数可以获取一个字符的 ASCII 码：

```
>>> ord('A')
65
```

反过来，如果知道一个字符的 ASCII 码，可以利用 chr() 函数将其转换为对应的字符：

```
>>> chr(65)
'A'
```

此时就可以寻找规律，例如明文中的 A（65）换成 D（68），B（66）换成 E（69），一直到 W(87）换成 Z(90)，都是 ord(' 子母 ') 的值加 3。后面的 X(88）换成 A(65)，Y（89）换成 B（66），Z（90）换成 C（66），都是 ord(' 字母 ') 减去 23。小写字母也是同样的规律，可以将这些发现总结成如下两条规则：

- 对于字母 A 到 W 或 a 到 w，将字母的 ASCII 码加上 3。
- 对于字母 X 到 Z 或 x 到 z，将字母的 ASCII 码减去 23，这因为 ASCII 码加上 3 的话就会变成其他字符，而非我们要的字母。

例如：要将“F”换成“I”，可以这样操作：

```
>>> chr(ord('F') + 3)
'I'
```

先将 ASCII 码加 3，然后再转换为对应字母，同样当处理“XYZ”或“xyz”时，需要折回到字母序列的开头，替换为“ABC”或“abc”。

例如将“X”替换成“A”，可以进行如下操作：

```
>>> chr(ord('X') - 23)
'A'
```

核心转换部分的代码有了，剩下的就好写了。先将输入的明文字符串存放到变量 text 中，再创建一个计数型循环结构，以计数器 i 作为字符串的下标。逐个读取明文字符串 text 中的字符，加密后存放到密文字符串 secret 中。

循环控制条件是 i < len(text)，其中 len() 函数用于获取字符串的长度。判断 i < len(text) 如果为真，那么就从明文字符串 text 中读取一个字符，存放到变量 c 中；如果为假，就意味着遍历结束，可以输出密文，代码见图 12-2 中第 1 ～ 5 行。

接下来判断 c 中的值，然后依次进行上面两种转换。转换后将加密字符连接到字符串 secret 中。如果不是字母就不加密，直接放到 secret 中即可，代码见图 12-2 中第 6 ～ 11 行。

到这里，还是需要读者自行绘制流程图，然后和图 12-3 进行对比。

```
text = input('请输入明文吧：')
secret = ''
i = 0
while i < len(text):
    c = text[i]
    if 'a' <= c <= 'w' or 'A' <= c <= 'W':
        c = chr(ord(c) + 3)
    elif 'x' <= c <= 'z' or 'X' <= c <= 'Z':
        c = chr(ord(c) - 23)
    secret = secret + c
    i = i + 1
print(f"秘文：{secret} \n请务必一个人偷偷看哦")
```

图 12-2

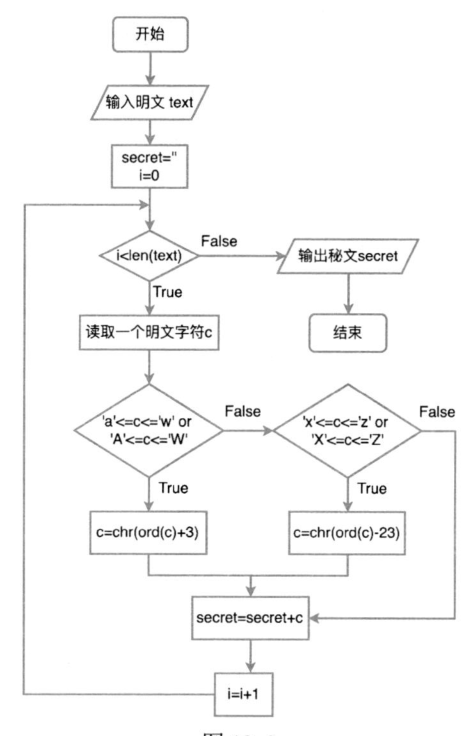

图 12-3

流程图有了，直接转换成代码并运行，结果如图 12-4 所示。

```
请输入明文吧：I Love FishC.com
秘文：L Oryh IlvkF.frp
请务必一个人偷偷看哦
```

图 12-4

看起来很难的加密，用几行代码就实现了。

刚刚的程序是用于加密，那反过来要解密怎么办呢？其实也不难，原理一样，万变不离其宗，这个解密程序就交给读者自己去完成，程序运行结果如图 12-5 所示。

```
请输入秘文吧：L Oryn Ilvkf.frp
原文：I Lovk Fishc.com
请务必一个人偷偷看哦
```

图 12-5

第 13 课　摩尔投票法

> 对抗。　　> 计数。

现有列表 [2,2,4,2,3,6,2]，其中占比超过一半的元素称为主要元素，如何用“摩尔投票法”实现获取列表中的主要元素？

通常在解决上述问题时可以采用以下思路：根据主要元素的定义对列表进行排序操作，这样主要元素必然会出现在列表长度的一半之后的位置。因此，只需要判断列表中是否存在超过一半的元素和中间元素相同即可。如果存在这样的元素，那么中间元素就是主要元素；否则，列表中就不存在主要元素。

摩尔投票法（Boyer-Moore majority vote）也称为“多数投票法”，该算法解决的问题是如何在任意多的候选人中，找到获得票数最多的那个。

摩尔投票法分为下面两个阶段。

- 对抗阶段：分别属于两个候选人的票数进行两两对抗抵消。
- 统计阶段：统计对抗结果中，最后留下的候选人的票数是否有效。

可以将摩尔投票法的对抗阶段想象为诸侯争霸。假设每个国家都是全民皆兵，并且打起仗来都是以 1 换 1 的形式消耗人口，当其中一个国家人数为 0 时，那么游戏结束。如果某国人口数量超过所有国家总人口数的一半，那么最终赢家就是这个人口数最多的国家。在计数阶段，用列表的 count() 方法来统计某个元素在列表中出现的次数即可。

例如现有列表 [2,2,4,2,3,6,2]，遍历数组第一个元素 2 时，因为刚开始遍历，所以此时代表主要元素的 major 是空缺的，所以赋值 major 为 2，且票数 count 为 1，如图 13-1 所示。

```
major = 2
count = 1
```

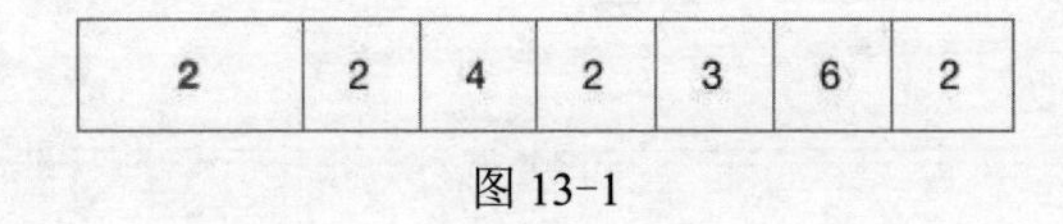

图 13-1

接下来发现第二个元素依旧是 2，和上面的 major 相同，因此将票数 count 加 1，如图 13-2 所示。

```
major = 2
count = 1+1 = 2
```

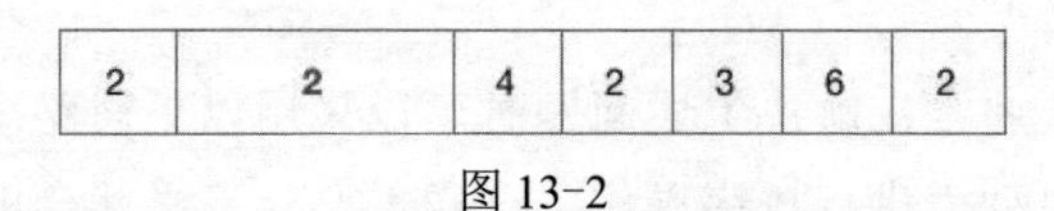

图 13-2

第三个元素是 4，与 major 不同了，因此发生对抗，将当前 major 的票数抵消掉 1 票，即减去 1，如图 13-3 所示。

```
major = 2
count = 2 - 1 = 1
```

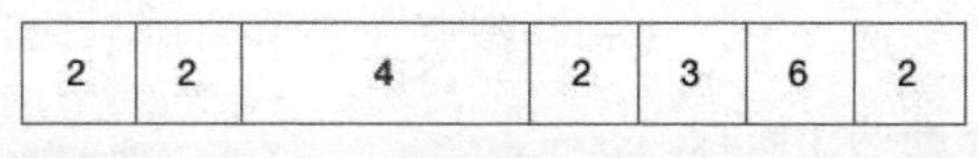

图 13-3

第四个元素是 2，与 major 相同，count 继续加 1，如图 13-4 所示。

```
major = 2
count = 1 + 1 = 2
```

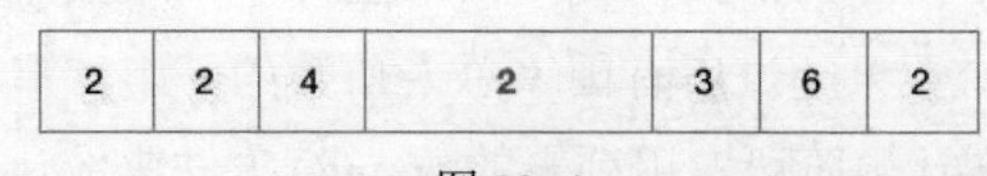

图 13-4

第五个元素是3，与major又不同了，产生对抗，票数继续抵消，如图13-5所示。

```
major = 2
count = 2 - 1 = 1
```

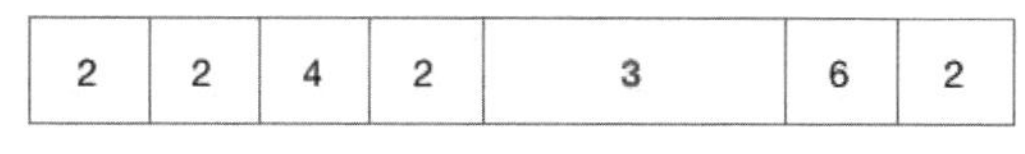

图13-5

遍历第六个元素是6，还是与major不同，产生对抗，票数抵消，如图13-6所示。

```
major = 2
count = 1 - 1 = 0
```

图13-6

当遍历到最后一个元素2时，发现当前count已经归0了，说明major位置空缺，就可以设置major为2，票数count为1，如图13-7所示。

```
major = 2
count = 1
```

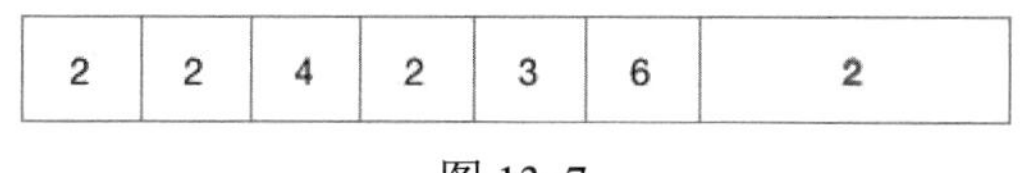

图13-7

到这一步全部遍历就结束了，“主要元素”就是2。接下来由读者自己去画流程图，来和图13-8进行对比。

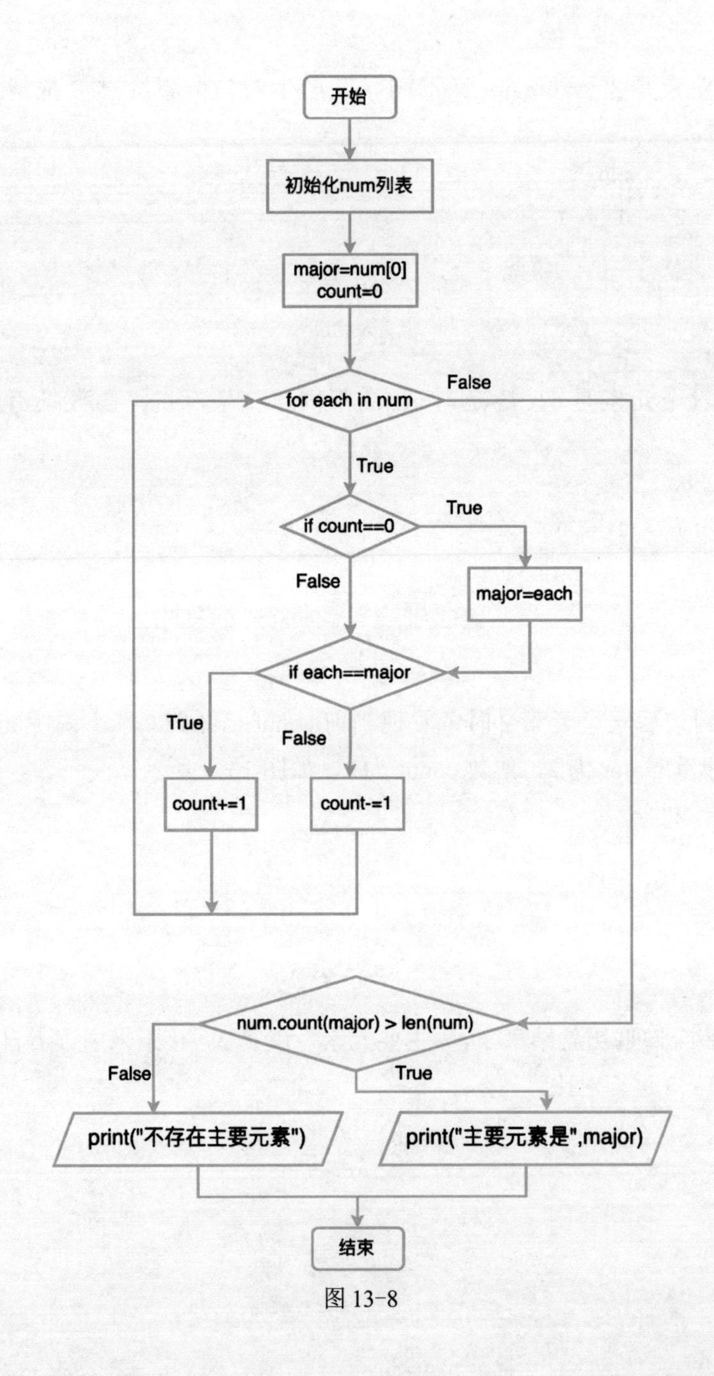

开始
初始化num列表
major=num[0]
count=0
for each in num
False
True
if count==0
True
False
major=each
if each==major
True
False
count+=1
count-=1
num.count(major) > len(num)
False
True
print("不存在主要元素")
print("主要元素是",major)
结束

图 13-8

流程图已有，程序还会远吗？先来创建一个列表，代码见图 13-9 中第 1 行。

接下来就是核心的对抗阶段，初始化一个表示主要元素的 major 变量，初值是 num[0]，代码见图 13-9 中第 4 行。

还需要一个变量 count 来统计次数，默认为 0，代码见图 13-9 中第 5 行。

然后按照上面分析的遍历数组，按要求互相抵消即可，代码如图 13-9 所示。

```
1   nums = [2, 2, 4, 2, 3, 6, 2]
2
3   # 对抗阶段
4   major = nums[0]
5   count = 0
6   for each in nums:
7       if count == 0:
8           major = each
9       if each == major:
10          count += 1
11      else:
12          count -= 1
```

图 13-9

在“统计阶段”的代码中，如果遇到像 [1,2,3] 这样的给定列表，那么“对抗阶段”给出的结果是 major 为 3，count 为 1。这肯定不是我们想要的结果，所以需要再添加统计的步骤，来算一算最后这个元素的数量是否超过总数的一半，代码如图 13-10 所示。

```
11      else:
12          count -= 1
13
14  # 统计阶段
15  if nums.count(major) > len(nums) / 2:
16      print("主要元素是：", major)
17  else:
18      print("不存在主要元素。")
```

图 13-10

运行代码，结果如图 13-11 所示。

主要元素是： 2

图 13-11

给定一个字符串列表 words = ["apple", "banana", "apple", "apple", "orange", "apple"]，其中只有一个单词出现次数超过列表长度的一半，请使用摩尔投票法找出这个单词。

第 14 课　进阶版摩尔投票法

视频讲解

> 升级摩尔投票法。　　> continue 语句妙用。

第 13 课我们学习了“摩尔投票法”，占比超过一半的元素称为主要元素，本节课继续升级难度：利用“摩尔投票法”来找出占比数量最多的两个元素。

本节课将学习摩尔投票法的进阶操作，利用这种方法可以帮助我们找出在给定数组中占比数量最多的两个元素，并且这两个元素的数量还需要超过总数的 1/3。如果已经理解了第 13 课中的“对抗”和“统计”，那么这个进阶操作其实并不难。

可以创建两个变量来代表这两个值，初始化列表和两个变量，代码见图 14-1 中第 3 行和第 4 行。

这里 count 和 major 的功能都和第 13 课一样，用于计数和标记，然后就是核心的对抗阶段，还是用 for 循环遍历 nums，代码见图 14-1 中第 7 行。

```
1  nums = [1, 1, 2, 1, 3, 2, 3, 2]
2
3  major1 = major2 = nums[0]
4  count1 = count2 = 0
5
6  # 对抗阶段
7  for each in nums:
```

图 14-1

接下来就是要找出“占比数量最多”的两个元素，怎样找到两个呢？大家可能第一时间想到的就是“依次去找，分成两轮，第一遍循环找出一个最多的，然后第二遍再找出另一个……”。

这样可以是可以，但是会有些麻烦，其实可以直接让 major1 和 major2 的查找同时进行。

同时进行吗？需要使用多线程吗？

其实大可不必，直接写两个并列的判断即可，不过为了避免重复统计，在 count1 或者 count2 的统计值递增之后，立刻调用 continue 语句，让它结束本轮循环，代码如图 14-2 所示。

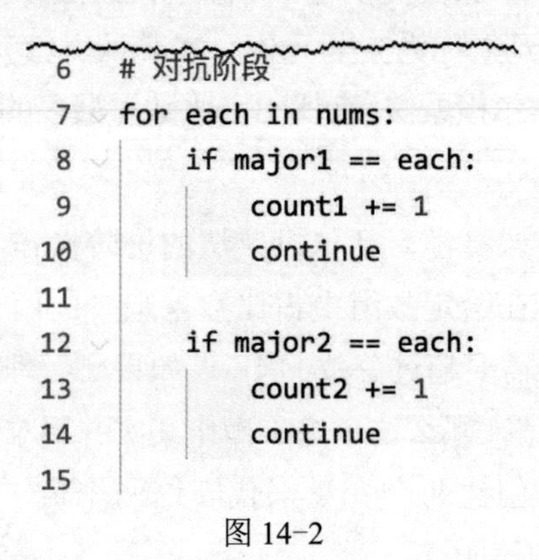

```
6    # 对抗阶段
7    for each in nums:
8        if major1 == each:
9            count1 += 1
10           continue
11
12       if major2 == each:
13           count2 += 1
14           continue
15
```

图 14-2

如果 each 和 major1 不同，而此时用来计数的 count1 也为 0，那么就可以将 each 赋值给 major1 并结束本轮循环，代码如图 14-3 所示。

```
16       if count1 == 0:
17           major1 = each
18           count1 = 1
19           continue
```

图 14-3

如果 major1 和 major2 都无法匹配，那么在本次循环的最后将 count1 和 count2 均递减 1，代码见图 14-4 中第 26 行和第 27 行。

为了让读者更好地理解这个思路，还是老规矩，按照设计好的代码逻辑来模拟一下计算机运行的过程，演示见本节课配套视频。

注意，如果像之前一样把 count1 或者 count2 为 0 写在 major1 或者 major2 的前面：

```
if count1 == 0:
    ...
    continue
if count2 == 0:
    ...
    continue
if major1 == each:
    ...
    continue
if major2 == each:
    ...
    continue
```

程序就会出错，这是为什么呢？大家仔细思考一下。

最后的统计阶段，将第 13 课代码中的除以 2 改成除以 3 即可，代码见图 14-4 中第 30 ～ 33 行。

```
21        if count2 == 0:
22            major2 = each
23            count2 = 1
24            continue
25
26        count1 -= 1
27        count2 -= 1
28
29    # 统计阶段
30    if nums.count(major1) > len(nums) / 3:
31        print(major1)
32    if nums.count(major2) > len(nums) / 3:
33        print(major2)
```

图 14-4

运行结果如图 14-5 所示。

```
1
2
```

图 14-5

思考为什么一旦将 count1 和 count2 的检测写在 major1 和 major2 的检测之前（像下面这样），程序就会出错。

```
if count1 == 0:
    ...
    continue
if count2 == 0:
    ...
    continue
if major1 == each:
    ...
    continue
if major2 == each:
    ...
    continue
```

第 15 课　回文数的奥秘

视频讲解

> 数位拆分。 > 多变量定义。 > f-string 自定义格式。

从这节课开始将进入另一个阶段：解决各种与数字相关的问题。在现如今的生活中，数字无处不在。人类通过手指的发明创造了数字，从而理解了数量的概念。数字的发明又推动了农耕革命和书写文字的诞生。可以说，数字的发明对人类社会的发展起到了决定性的作用。人们通过不同的规则从无尽的数字中创造了一些有意义的种类，例如回文数、勾股数、黑洞数、亲密数、自守数、梅森素数等。接下来我们就通过编写程序逐个探索这些“奇奇怪怪”的数。

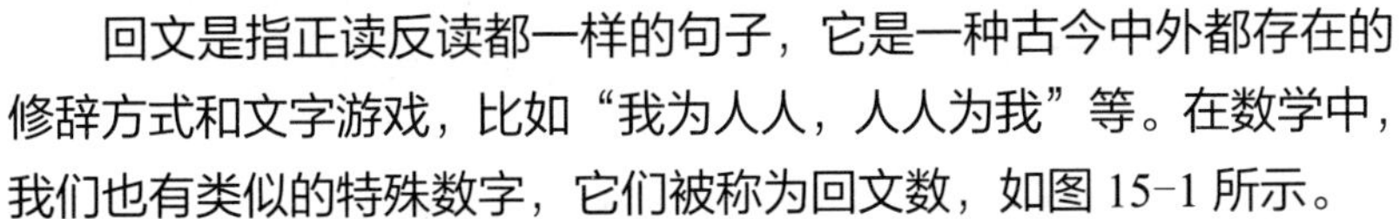

回文是指正读反读都一样的句子，它是一种古今中外都存在的修辞方式和文字游戏，比如“我为人人，人人为我”等。在数学中，我们也有类似的特殊数字，它们被称为回文数，如图 15-1 所示。

图 15-1

设 n 是一任意自然数，若将 n 的各位数字反向排列所得的自然数 n1 与 n 相等，则称 n 为回文数。直接判断一个数是否为回文数实在是太简单了，让我们增加一点难度，通过编写程序打印出 1 到 256 中其平方值是“回文数”的数。

在本节课中，我们需要判定平方值为回文数的数。对于给定的数 n，可以计算其平方值 a，并按照回文数的定义进行比较。回文数要求最高位与最低位、次高位与次低位等依次相等（例如 123321）。

为了实现这个算法，需要确定平方数的位数，并逐位分解并比较。为了获取位数，可以借助数组来保存每一位数字。将平方后的数值 a 的每一位数字按照从低位到高位的顺序暂时存放到数组 m 中，然后按照从大到小的下标顺序重新组合数组中的元素，形成一个新的数 f。如果 a 等于 f，则可以判定 n 的平方为回文数。

通过这种方法可以判断平方值为回文数的数。

举个例子，例如 n 为 11，则 a 为 121 且 f 为 121，那么 n 是回文数。对于一个整数，无论其位数是多少，将最低位拆分只需对 10 进行求模运算，也就是求余，即

```
a % 10
```

接下来拆分次低位，首先要想办法将原来的次低位作为最低位来处理。用原数对 10 求商，可得到由除最低位之外的数形成的新数，且新数的最低位是原数的次低位。根据拆分最低位的方法将次低位求出，即先进行 a % 10 运算，后进行 a // 10 运算。

这里顺便给大家快速总结一下“/”“//”“%”三个符号的操作。

- / 表示浮点数除法，返回的值为浮点数（即小数），比如 8 / 2 结果为 4.0。
- // 表示整数除法，返回整数，无论四舍五入小数位直接舍弃，比如：8 // 3 结果为 2。
- % 表示取余数，比如 9 % 4 结果为 1。

对于求解其他位的数值，算法都是相同的。

利用上述算法还有一个需要解决的问题：如何判断所有数都已经拆分完成了呢？

当拆分到只剩原数的最高位时（也就是新数为个位数时），再对10求商的话，其得到的结果肯定为0，可通过这个条件判断是否拆分完毕。将每次拆分出来的数据存储到数组中，原数的最低位存到下标为0的位置，以此类推，代码实现其实很简单：

```
i = 0
while a != 0:
    # 从低位到高位分解数 a 的每一位，存于数组 m[1] ～ m[16]
    m[i] = a % 10
    a //= 10
    i += 1
```

既然能拆解数字，那么也要将拆解后存储在数组中的元素，重新组合成一个新数。拆分时变量a的最高位仍然存储在数组中下标最大的位置，根据回文数的定义，新数中数据的顺序与a中数据的顺序相反。所以，按照下标从大到小的顺序分别取出数组中的元素组成新数f。由几个数字组成一个新数时，只需要用每一个数字乘以所在位置对应的权值，然后相加即可。

在编程过程中应该有一个变量t来存储每一位对应的权值，个位权值为1，十位权值为10，百位权值为100，以此类推。所以可以利用循环来执行，每循环一次，t的值就扩大10倍，代码如下：

```
while i > 0:
    # t 记录某一位置对应的权值
    f += m[i-1] * t
    t *= 10
    i -= 1
```

程序流程图如图15-2所示。

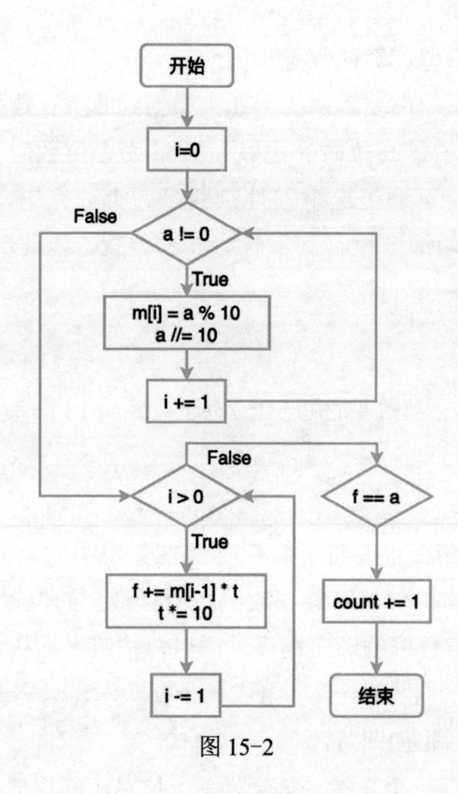

图 15-2

接下来就按照流程图将代码补充完整。首先创建数组 m 来存放结果，通过打印创建 3 列“序号 数字 平方回文”。将上面的代码组合起来，如图 15-3 所示。

```
1   m = [0] * 5
2   count = 0
3   print("序号 数字 平方回文")
4   for n in range(1, 256):
5       f, i, t, a = 0, 0, 1, n * n
6       squ = a
7   
8       while a != 0:
9           m[i] = a % 10
10          a //= 10
11          i += 1
12  
13      while i > 0:
14          f += m[i - 1] * t
15          t *= 10
16          i -= 1
17  
18      if f == squ:
19          count += 1
20          print(f"{count}{n}{n*n}")
```

图 15-3

运行结果如图 15-4 所示。

```
序号 数字 平方回文
111
224
339
411121
522484
626676
710110201
811112321
912114641
1020240804
1121244944
```

图 15-4

结果是出来了，但都“挤”在了一起。如何将结果分开呢？可以直接在图 15-3 中第 20 行的 f-string 中增加空格：

```
print(f"{count} {n}  {n*n}")
```

运行结果如图 15-5 所示。

```
序号 数字 平方回文
1 1  1
2 2  4
3 3  9
4 11  121
5 22  484
6 26  676
7 101  10201
8 111  12321
9 121  14641
10 202  40804
11 212  44944
```

图 15-5

结果中的数字还未对齐，除了用这种手动添加空格的方法外，还可以利用 f-string 中的“自定义格式”功能。f-string 采用 {content:format} 设置字符串格式，其中，content 是替换并填入字符串的内容，可以是变量、表达式或函数等，format 是格式描述符。采用默认格式则不必指定 {:format}，如上面例子只写 {content} 即可。若想要设置字符宽度，就可以使用表 15-1 所示的描述符。

表 15-1 宽度与精度相关格式描述符

格式描述符	含义与作用
width	整数 width 指定宽度
0width	整数 width 指定宽度，开头的 0 指定高位用 0 补足宽度
width.precision	整数 width 指定宽度，整数 precision 指定显示精度

0width 不可用于复数类型和非数值类型，width.precision 不可用于整数类型。width.precision 用于不同格式类型的浮点数、复数时的含义也不同：用于 f、F、e、E 和 % 时，precision 指定的是小数点后的位数；用于 g 和 G 时 precision 指定的是有效数字位数（小数点前位数 + 小数点后位数）。width.precision 除浮点数、复数外还可用于字符串，此时 precision 含义是使用字符串中前 precision 位字符，代码示例：

```
>>> a = 345.678
>>> f"a是{a:5}"
'a是345.678'
>>> f"a是{a:4}"
'a是345.678'
>>> f"a是{a:10}"
'a是   345.678'
```

代码中“:5”“:4”“:10”都是 width 字符宽度，a 是 7 位宽。当指定宽度小于初始化宽度则没有任何变化；当宽度大于初始化宽度，用空格补位。利用这种方法对代码进行美化，结果如图 15-6 所示。

序号	数字	平方回文
1	1	1
2	2	4
3	3	9
4	11	121
5	22	484
6	26	676
7	101	10201
8	111	12321
9	121	14641
10	202	40804
11	212	44944

图 15-6

自己动手修改代码，通过 f-string 修改字符串格式来实现如图 15-5 所示的效果。已知第一位宽度为 2，第二位宽度为 5，第三位宽度为 7。

视频讲解

第 16 课　黑洞数的奥秘

> 数值交换。　　> 算法设计。

本节课将介绍一个神秘的嘉宾——黑洞数，也被称为陷阱数。黑洞数是指任意一个不完全相同的整数，在经过多轮“重排求差”的操作后，最终得到一个相同的数。这个数就被称为黑洞数。

简而言之，黑洞数是通过不断进行数字重排和求差运算，最终收敛到一个特定的数。这个过程就像是数字被吸入了一个黑洞，因此得名为黑洞数。接下来通过编程来找出所有符合黑洞数的三位数。

首先，让我们了解一下什么是“重排求差”操作，这个操作的步骤：将一个数的各位数字重新排列，然后用得到的最大数值减去最小数值。举个例子，对于数字 207，进行“重排求差”操作的顺序是：720-027=693，963-369=594，954-459=495。在这个过程中，我们可以观察到结果不再改变，即 495 成为了一个三位黑洞数。

根据上述操作，可以得出结论：对于任意一个由不重复数字组成的整数，最终结果总会陷入一个黑洞中。一旦进入黑洞，无论进行多少次“重排求差”操作，结果都将保持不变。因此，可以将“最终结果不变”作为判断黑洞数的依据。

学习了这么多节课后，相信大家的实力已经有了质的飞跃，所以就不“强制”要求读者画流程图了，直接进行“算法设计”。大家可以把算法设计理解为文字版的流程图，是另一种形式的设计过程，目的也是帮助我们梳理思路。

步骤如下：

（1）将任意一个三位数进行拆分。

（2）拆分后的数据重新组合，用组合后的最大数减去最小数，差值赋给变量 j。

（3）将当前差值暂时存放到另一变量 h 中：h = j。

（4）再对变量 j 进行拆分、重组、求差操作之后，新的差值继续存放到变量 j 中。

（5）判断当前差值 j 是否与前一次的差值 h 相等，若相等，则将差值输出并结束循环，否则重复步骤（3）～步骤（5）。

核心步骤就是求出拆分后所能组成的最大值 max 和最小值 min。求最大值和最小值的关键是找出拆分后数值的大小关系，通过比较找出最大值、次大值以及最小值。三个数比较大小可以采用两两比较的方法：首先 a 与 b 比较，其次 a 与 c 比较，最后 b 与 c 比较。比较顺序很重要，有时比较顺序不一样得到的结果也是不一样的。在比较过程中如需对两个数进行交换，则要借助中间变量 t 来实现，否则变量中存储的数将被改变。假如这么写：

```
a = b
b = a
```

第一个语句执行完毕，变量 a 的值由原值变为 b 的值，第二个语句的作用是把现在 a 的值赋给 b。但此时 a 中存储的已经不再是原来的值，而是被赋予的 b 值。所以，正确的做法是：

```
t = a
a = b
b = t
```

比较后数值按照从大到小的顺序分别存储在变量 a、b、c 中，再按一定的顺序重新组合成最大值和最小值。

因为求最大值和最小值的操作在程序中不止一次用到，所以采用第 11 课提到的 def 自定义函数的方式，定义出 three_max(a,b,c) 和 three_min(a,b,c) 两个函数，它们的功能分别是求由三个数组成的最大值和最小值，a、b、c 分别对应百位、十位、个位。

将上面所讲的内容转换成代码，如图 16-1 所示。

```
1   def three_max(a, b, c):
2       # a、b、c分别对应百位、十位、个位
3       if a < b:
4           # 如果a<b，则将变量a、b的值互换
5           t = a
6           a = b
7           b = t
8       if a < c:
9           t = a
10          a = c
11          c = t
12      if b < c:
13          t = b
14          b = c
15          c = t
16      return a*100 + b*10 + c
```

图 16-1

函数 three_min(a,b,c) 的代码与以上代码的不同之处在于最后的返回值：函数 three_min(a,b,c) 中需返回的是最小值 c*100 + b*10 + a。将第一次得到的差值 j 赋给变量 h，因为在后面的编程过程中会再次将得到的差值赋给变量 j。为了避免 j 中存储的原值找不到，需先把前一次的差值暂时保存另一个变量 h 中，代码如图 16-2 所示。

```
19  # 求三位数组合的最小值
20  def three_min(a, b, c):
21      # a、b、c分别对应百位、十位、个位
22      if a < b:
23          # 如果a<b，则将变量a、b的值互换
24          t = a
25          a = b
26          b = t
27      if a < c:
28          t = a
29          a = c
30          c = t
31      if b < c:
32          t = b
33          b = c
34          c = t
35      return c * 100 + b * 10 + a
```

图 16-2

在比较过程中，一旦两次结果相等，循环过程即可结束，可以使用 break 语句实现。判定条件 j == h 可以在循环体中用 if 语句实现，也可以写在 while 语句中，代码如图 16-3 所示。

```
39  # 求黑洞数
40  def black_number(max, min):
41      j = max - min
42      while min < max:
43          # h记录上一次最大值与最小值的差
44          h = j
45          hun = j // 100   #百位
46          ten = j % 100 // 10  #十位
47          bit = j % 10  #个位
48          # 最大值
49          max = three_max(hun, ten, bit)
50          # 最小值
51          min = three_min(hun, ten, bit)
52          j = max - min
53          if j == h:
54              # 最后两次差相等时，差即为所求黑洞数
55              print("黑洞数 = ", j)
56              break  # 跳出循环
```

图 16-3

h 记录上一次最大值与最小值的差，hun 用来表示“百位”，ten 表示“十位”，bit 表示“个位”。只需要调用写好的 three_max(a,b,c) 和 three_min(a,b,c) 函数就可以找到 max 和 min 值。最后两次差相等时，差值就是要找的黑洞数了。

运行代码，结果如图 16-4 所示。

```
请输入一个三位整数：233
max =  332
min =  233
黑洞数 =  495
```

图 16-4

初始化部分中除了提示用户输入三位整数外，还要进行 hun、ten、bit 的求解以及函数调用，如图 16-5 所示。

```
58    i = int(input("请输入一个三位整数："))
59    hun = i // 100
60    ten = i % 100 // 10
61    bit = i % 10
62    max = three_max(hun, ten, bit)
63    min = three_min(hun, ten, bit)
64    print("max = ", max)
65    print("min = ", min)
66    black_number(max, min)
```

图 16-5

黑洞数其实又称为“卡布列克常数”，最初是指一种专指四位数的特定函数关系，在某排列顺序后，其演算式最后都会对应到6174，因此又名6174问题、数字固定点、数字黑洞等。

其实并非只有四位数有这样的情况，通过本节课的学习可以知道三位数也有一个黑洞数495，任何三位数经过这样的运算都会对应到495。

那么其他位数有没有像三位数及四位数这样“单纯”的情况呢？

答案是有些有，有些没有，例如5位数就没有黑洞数，只有3个循环：71973 → 83952 → 74943 → 62964 → 71973、82962 → 75933 → 63954 → 61974 → 82962、53955 → 59994 → 53955。

有兴趣的读者可以自己通过编写代码进行验证。

从图16-4中可以看到有提示用户输入数字的操作，请读者自行完成该操作以及three_min(a,b,c)函数的代码。

视频讲解

第 17 课　自守数的奥秘

> 优化代码结构。
> 快速判断字符串的长度。
> 列表解析式。

通过编程找出 100000 以内的自守数。

自守数是指一个数的平方的尾数等于该数自身的自然数。例如：$5^2=25$，$25^2=625$，$76^2=5776$，等等。

根据要求，代码的关键点就是要获取当前所求自然数的位数，以及该数平方的尾数与被乘数、乘数之间的关系。可以按照第 15 课（回文数的奥秘）介绍的拆分方式来获取位数。思路有了，就来动手实现求给定数的位数，利用最高位的权值进行计算。

对于十进制运算来说，个位的权值为 100，十位的权值为 101，百位的权值为 102，以此类推。一个存储三位数的变量 num = 233，每次“//”地板除 10，将得到的值再赋给 num，直到 num 的值为 0，最多可以除 3 次；若变量 num 中存储的是四位数，用同样的方法去地板除 10，最多可以除 4 次。最后当变量变为 0 时，地板除 10 的次数刚好是当前给定数的位数。先将上面的过程写成代码：

```
print("输入任意一个正整数：",end="")
n = int(input())
if n<= 0:
    print("不可以这么输入哦！")
```

```
    exit()
count = 0
while n != 0:
    n //= 10
    count += 1
print(" 位数为 ", count)
```

运行结果如图 17-1 所示。

```
输入任意一个正整数:2333
位数为 4
```

图 17-1

在代码中加了防止用户输入错误数字类型的语句，当输入值小于或等于 0 时，就提示“不可以这么输入哦！”，并通过 exit() 结束程序关闭 IDLE。以后需要用到这种退出操作时，可以直接将这段代码复制过来。

知道了如何求位数，那么按照正常逻辑，就是将平方后的数拆分了。按照位数分离给定数的最后几位。假设有一个 5 位数“10086”，分离出最低位的方法如下：

```
10086 % 10 = 6
```

分离出最后两位的方法如下：

```
10086 % 100 = 86
```

分离出最后三位的方法如下：

```
10086 % 1000 = 086
```

以此类推，我们就会发现规律，若分离出最后 x 位，只需要用原数对 10 的 x 次幂进行求余即可。因为现在是循环 0 ～ 100000 的数，位数最多不过从 1 到 5，按照位数依次取余。

这里其实还有更简单的做法，根本不用找出位数，反正最多 5 位，那就直接利用 if…elif…就能得到答案，代码如图 17-2 所示。

```
1  print("100000以内的自守数:")
2  for i in range(0, 100000):
3      num = i * i
4      if num % 10 == i:
5          print(f'{i}是自守数')
6      elif num % 100 == i:
7          print(f'{i}是自守数')
8      elif num % 1000 == i:
9          print(f'{i}是自守数')
10     elif num % 10000 == i:
11         print(f'{i}是自守数')
12     elif num % 100000 == i:
13         print(f'{i}是自守数')
```

图 17-2

运行结果如图 17-3 所示。

```
100000以内的自守数:
0是自守数
1是自守数
5是自守数
6是自守数
25是自守数
76是自守数
376是自守数
625是自守数
9376是自守数
90625是自守数
```

图 17-3

这种方法肯定比先统计位数再求余的“笨”方法要简单。

其实除了上面这种判断位数的操作，还可以将数字转为字符串判断长度：

```
count = len(str(n))
```

快速找到几位数，然后求解。

```
for n in range(1,10000):
    # 求数的长度
    k = len(str(n))
```

```
    # 计算数的后几位
    t = (n*n) % (10**k)
    if t == n:
        print(n)
```

当水平更高的时候，甚至可以使用列表解析式，这样一行代码就可以：

```
print([n for n in range(1,10000) if (n*n) % (10**len(str(n)))==n])
```

假设现在想要将 0 ～ 99 这 100 个数字分别乘以 2，然后将它们放到一个列表中，最简单的办法就是使用 for 循环语句来实现：

```
# 先定义一个空列表
a = []
for i in range(100):
    # 将每个元素都乘以 2
    a.append(i * 2)
print(a)
```

运行结果如图 17-4 所示。

```
[0, 2, 4, 6, 8, 10, 12, 14, 16, 18, 20, 22, 24, 2
6, 28, 30, 32, 34, 36, 38, 40, 42, 44, 46, 48, 50
, 52, 54, 56, 58, 60, 62, 64, 66, 68, 70, 72, 74,
76, 78, 80, 82, 84, 86, 88, 90, 92, 94, 96, 98, 1
00, 102, 104, 106, 108, 110, 112, 114, 116, 118,
120, 122, 124, 126, 128, 130, 132, 134, 136, 138,
140, 142, 144, 146, 148, 150, 152, 154, 156, 158,
160, 162, 164, 166, 168, 170, 172, 174, 176, 178,
180, 182, 184, 186, 188, 190, 192, 194, 196, 198]
```

图 17-4

像这类简单的循环语句，可以将其转换为列表解析式的形式。

列表解析式语法如下：

```
[expression for iter_val in iterable if cond_expr]
```

首先，列表推导式的结果一定是一个列表，所以先写上一对方括号（[]）；然后，由于列表推导式的结果是使用一组数据来填充列表，所以需要一个 for 语句来配合；最后，在 for 语句的左侧放置一个表达式，相当于循环体，经过运算决定最终存放在列表中的数据。

利用列表解析式的语法，上面的代码就可以写成：

```
print([i*2 for i in range(100)])
```

这只是列表解析式的一种简单用法，还有一种稍微复杂的用法，就是列表解析式中加入判断语句，只将满足判断条件的元素加进列表中。

还是用刚才的例子，刚才输出的是 0 ～ 99 这 100 个数字乘以 2 之后的数字列表，现在再加上一个限定条件，只想让大于 50 的部分乘以 2，前面的部分不要了，就可以写成这样：

```
print([i * 2 for i in range(11) if i > 50])
```

总结一下列表解析式的两种常用用法。第一种用法：首先迭代 range(100) 中的所有元素，每一次迭代，都把 range(100) 中的元素放到 i 中去，然后用表达式应用迭代的内容，最后用表达式的计算值生成一个列表。第二种用法：假如判断语句在 range(100) 中满足了判断条件的部分才会被迭代，剩下的操作是一样的。

通过使用不同的技术就可以来优化我们的代码结构，这就是编程的魅力，编程能力不同的人会写出不一样的代码。本节课的信息量有点大，读者一定要去好好“消化”。

自己动手实现图 17-3 下方提到的“笨”方法求位数。

第 18 课　素数的奥秘

> 平方根优化。　> flag 旗帜变量。　> 导入模块。

通过编程找出指定范围内的素数。

要解决本节课的问题，先要知道什么是“素数”，素数就是只能被 1 和它自身整除的整数。判定一个整数 a 是否为素数的关键，就是要判定整数 a 能否被 1 和它自身以外的其他任何整数所整除，如果不能整除，则 a 为素数。

我们求的是指定范围 start 和 end 之间的所有素数。从程序通用性角度来设计算法。既然是自定义范围，那就需要用户通过键盘来输入 start 和 end 的值。例如：start 为 1，end 为 2333，那么就要通过编程找出 1 ～ 2333 范围内的所有素数。

像这种找数字的题，往往都会用到 n 层循环结构，还记得在第 3 课（百钱百鸡）中用到的循环操作吗？既然考虑用双层循环结构实现，外层循环对 start 到 end 之间的每个数都进行迭代，逐一检查其是否为素数。外层循环的循环变量用 m 表示，代表当前需要进行判断的整数，显然它的取值范围为 start ≤ m ≤ end。内层循环稍显复杂，需要实现的功能是“判断当前的 m 是否为素数”。可以假设内层循环变量为 i，程序设计时 i 从 2 开始，直到约束条件 $\sqrt{m}$ 为止 。

相信有的读者会问：为什么这里是到 $\sqrt{m}$ 而不是到 end 结束？

要解答这个问题需要涉及另外一个知识点——合数。合数是指在大于 1 的整数中除了能被 1 和本身整除外，还能被其他数（0 除外）整除的数。而合数可以拆成两个因数相乘，这两个因数一定有一个的值是小于或等于$\sqrt{合数}$，另一个则是大于或等于$\sqrt{合数}$。例如整数 16，$\sqrt{16}$为 4，所有因子相乘情况如下：

```
2 * 8
4 * 4
8 * 2
```

如果 m 不是素数，那么在$\sqrt{m}$前一定存在一个被除数，后面就没必要继续往下循环了。接着用 i 依次去除需要判定的整数 m。如果 m 能够被 2 到$\sqrt{m}$中的任何一个整数整除，可以确定当前的整数 m 不是素数，因此应提前结束该次循环。如果 m 不能被 2 到$\sqrt{m}$中的任何一个整数整除，那么可以确定当前的整数 m 为素数。

还可以创建一个 flag 变量来监测内外循环的执行情况，将 flag 初始值设为 1，在内层循环中判断时：

- 如果 m 能够被 2 到$\sqrt{m}$中的任何一个整数整除，则在内循环中将 flag 设置为 0；
- 如果 m 不能被 2 到$\sqrt{m}$中的任何一个整数整除，则在内循环中不会修改 flag 标志的值，退出内循环后它的值仍为 1。

此时，在外循环中对 flag 的值进行判断。如果 flag = 0，则显然当前的 m 不是素数。如果 flag = 1，则当前的 m 是素数，应该将其打印出来。还需要注意的是：在外循环中，每次要进行下一次迭代之前，要先将 flag 标志再次恢复为 1。

在设计算法时，还可以定义一个 count 变量，用来保存最后求得的 start 到 end 之间素数的总个数。

先来实现提示用户输入 start 和 end 两个整数，然后需要判断输入是否合法。先不进行类型判断，只需判断 start 大于 0 且 start 要小于 end。使用 while 语句来判断 start 和 end 的值是否满足条件 start > 0 且 start < end。如果满足则输入范围合法，否则重新输入，代码如图 18-1 所示。

```
1   print("请输入一个整数范围(起start-终end): ")
2   start = int(input("start = "))
3   end = int(input("end = "))
4   while not (start > 0 and start < end):
5       print("输入的参数有误! 快给我重新输入: ")
6       start = int(input("start = "))
7       end = int(input("end = "))
```

图 18-1

作为提示，我们可以打印 start 和 end 之间的素数，然后就是求素数程序的核心部分，使用双循环求指定范围内的素数。外层循环对 start 到 end 之间的每个数进行迭代，检查是否为素数，代码如图 18-2 所示。

```
 7      end = int(input("end = "))
 8
 9  print(f"{start}和{end}之间的素数有: ")
10  m = start
11  while m <= end:
12      k = math.sqrt(m)
13      i = 2
14      while i <= k:
15          # 内层循环
16          i += 1
17      m += 1
```

图 18-2

代码中第 12 行使用的 math.sqrt() 方法，是 math 模块中用来求解平方根的方法，使用之前需要导入 math 模块。什么是导入模块呢？说白了就是一种“偷懒”，调用别人已经写好的代码，来快速实现某些功能。

模块由一组类、函数或变量等元素组成，它存储在文件中，模块文件的扩展名可能是 .py（程序文件）或 .pyc（编译过的 .py 文件），.py 是 Python 程序代码文件的扩展名。

在 Python 安装目录下的 Lib 文件夹中可以看到很多内置模块的 .py 文件，如图 18-3 所示。

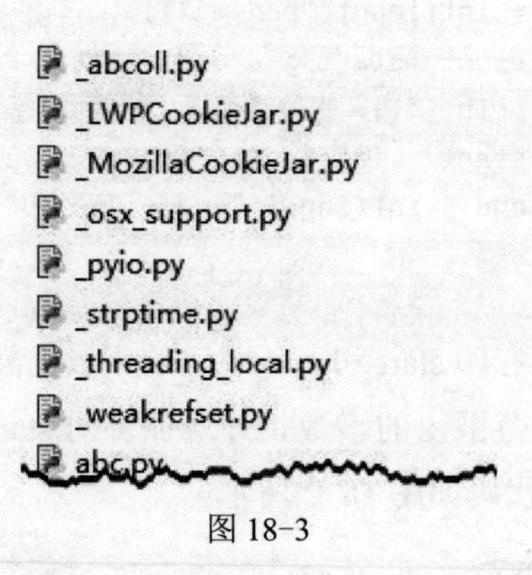

图 18-3

在使用模块之前，必须在编写代码的文件中导入模块，比如导入 Python 安装目录下的 Lib 文件夹的 math 模块，导入方式如下：

```
import math
```

Python 关键字 import 用于实现模块导入功能。如果在一个 .py 文件中导入多个不同的模块，可以在关键字 import 后面写上模块名称，每个模块之间使用逗号隔开；也可以每个模块使用一个关键字 import 导入。

两种实现方式如下：

```
# 导入方式一：每个模块使用一个 import 导入
import math
import os
import re
# 导入方式二：多个模块使用一个 import 导入
import math,os,re
```

当在文件中成功导入某个模块的时候，模块文件里面所有的类、函数方法或变量都会加载到当前文件中。以 Python 的交互模式为例，在此模式中导入模块 os，然后查看当前环境的属性信息，如图 18-4 所示。

```
import math
dir()
['__annotations__', '__builtins__',
'__doc__', '__loader__', '__name__',
'__package__', '__spec__', 'math']
```

图 18-4

输入 import math 之后，使用 dir() 可以查看到当前环境已导入的 math 模块，然后输入 dir(math) 就能看到 math 模块中所有的类、函数方法和变量信息，并且这些信息已经加载到当前环境中，只需使用 math 对象调用这些类、函数方法或变量即可：

```
math.sqrt()
```

如果想查看 math 中的内置函数可以输入：

```
help(math)
```

导入操作在日常开发中十分常用，让许多功能“拿来即用”。继续回到我们的代码中。实现图 18-2 中第 15 行的内层循环判断，即判断 2 ～ k 内的每个数是否能被 m 整除。若存在一个数能被 m 整除，则跳出内层循环；否则 m 是素数，打印 m，代码见图 18-5 中第 18 ～ 22 行。

接下来还是在内层循环中，如果 flag 等于 1 就打印出结果，为了更直观地查看数据，可以进行换行处理，例如每行可以有 16 个数据，代码见图 18-5 中第 24 ～ 30 行。

核心代码都有了，如图 18-5 所示。

```
15 while m <= end:
16     k = math.sqrt(m)
17     i = 2
18     while i <= k:
19         if m % i == 0:
20             flag = 0
21             break
22         i += 1
23 
24     if flag == 1:
25         print(m, end=" ")
26         count += 1
27         if count % 16 == 0:
28             print()
29     flag = 1
30     m += 1
31 print(f"\n{start}到{end}之间共有：{count}个素数")
```

图 18-5

运行一下脚本，结果如图 18-6 所示。

```
请输入一个整数范围(起start-终end):
start = 3
end = 1333
3和1333之间的素数有:
3 5 7 11 13 17 19 23 29 31 37 41 43 47 53 59
61 67 71 73 79 83 89 97 101 103 107 109 113 127 131 137
139 149 151 157 163 167 173 179 181 191 193 197 199 211 223 227
229 233 239 241 251 257 263 269 271 277 281 283 293 307 311 313
317 331 337 347 349 353 359 367 373 379 383 389 397 401 409 419
421 431 433 439 443 449 457 461 463 467 479 487 491 499 503 509
521 523 541 547 557 563 569 571 577 587 593 599 601 607 613 617
619 631 641 643 647 653 659 661 673 677 683 691 701 709 719 727
733 739 743 751 757 761 769 773 787 797 809 811 821 823 827 829
839 853 857 859 863 877 881 883 887 907 911 919 929 937 941 947
953 967 971 977 983 991 997 1009 1013 1019 1021 1031 1033 1039 1049 1051
1061 1063 1069 1087 1091 1093 1097 1103 1109 1117 1123 1129 1151 1153 1163 1171
1181 1187 1193 1201 1213 1217 1223 1229 1231 1237 1249 1259 1277 1279 1283 1289
1291 1297 1301 1303 1307 1319 1321 1327
3到1333之间共有：216个素数
```

图 18-6

由用户指定 start 和 end 的值，然后打印出 start 到 end 中的所有素数，并在最后一行打印出 start 到 end 范围内的素数数量。

最后再补充一个知识点，除了 import 导入模块或包之外，还可以使用关键字 from…import…的方式实现，这种组合方式比单一导入方式 import 更为智能和方便。

比如导入内置的 email 包中的 message.py 和子包 mime 的模块文件 image.py，就可以这么写：

```
from email import message
from email.mime import image
```

在关键字 import 后面使用星号“*”就能导入全部模块文件（包含模块文件里面所有的类、函数方法和变量）。

```
from email import *
```

from…import…导入方式也很常用，读者按需使用即可。

按照图 18-6 所示的结果，自己动手完成全部代码。

视频讲解

第 19 课　回文素数的奥秘

> 循环嵌套。　　> 地板除。

通过编程找出 10000 以内的回文素数。

回文素数是指从左向右和从右向左读其数值都相同且为素数的整数。举例来说，对于偶数位的整数，除了 11 以外，不存在回文素数。同样地，所有的 4 位整数、6 位整数、8 位整数等都不存在回文素数。

下面列出的两位和三位整数中包含的所有回文素数。

两位回文素数：11

三位回文素数：101，131，151，181，191，313，353，373，383，727，757，787，797，919，929。

为了求解一个整数是否为回文素数，最简单且最直接的方法就是判断每一数在符合回文数的条件前提下，同时也是一个素数。

不过这次我们来尝试点新鲜的玩法——从每一位数入手，构造 10000 以内的每一位数及其相应的反序数。

为了实现这个方法，需要使用四重循环来遍历 10000 以内的所有整数，每层循环负责其中一个数位（个位、十位、百位、千位），通过四个循环变量来构造一个整数 n，并且反序这四个循环变量可以构造出 n 的反序数 m。

需要注意的是，如果n的前几位是0，那么反序后的m和n的值将不相同，因此需要进行“去0”操作。举个例子，如果n为0011，那么它的反序数m是1100。虽然它们不相同，但实际上0011也是我们要找的回文素数，所以需要进行“去0”的操作。完成上述步骤后，还需要判断n是否为素数。如果n同时也是素数，那么它就是我们要找的回文素数，可以将其打印输出。

通过以上方法可以找到10000以内的所有回文素数并将其打印输出。这种方法虽然使用了穷举法，但是在这个范围内的整数数量有限，所以效率是可以接受的。循环和判断素数的操作，在第18课中已讲，这里就不再赘述，代码如图19-1所示。

```
1   import math
2   
3   def prime(n):
4       m = math.sqrt(n)
5       i = 2
6       while i <= m:
7           if n % i == 0:
8               return 0
9           i += 1
10      return 1
```

图19-1

到目前为止，我们用过两种拆分数字的方式：

- 将整数按位地板除。
- 循环嵌套拆分位数。

两种方法没有好坏之分，读者按自己的编程习惯选择即可。接下来通过四重循环来遍历10000以内的所有数，在图19-1所示代码的基础上，继续修改，如图19-2所示。

```
12  print("10000以内的回文素数:")
13  for i in range(10):
14      for j in range(10):
15          for k in range(10):
16              for l in range(10):
```

图 19-2

通过 for 循环依次构建四个位数，这次就不需要再拆分了，直接在四重循环中组合，代码如图 19-3 所示。

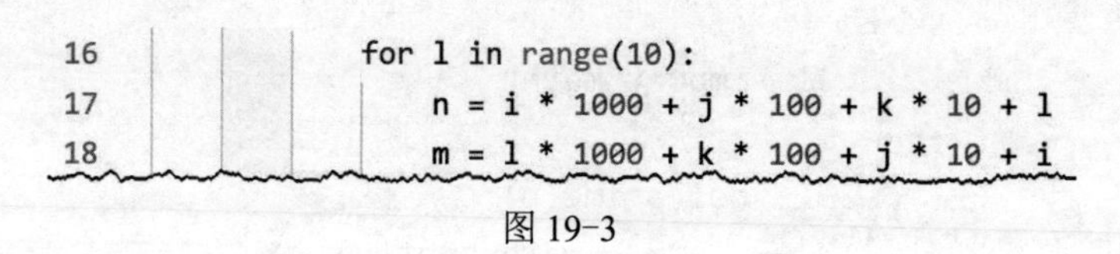

```
16              for l in range(10):
17                  n = i * 1000 + j * 100 + k * 10 + l
18                  m = l * 1000 + k * 100 + j * 10 + i
```

图 19-3

考虑到 i、j、k 为 0 的情况，倒过来的 m 要依次去掉 0，见图 19-4 中第 20 ~ 25 行。最后，如果 m 和 n 相同，同时又是一个素数，那么就是要找的回文素数，见图 19-4 中第 27 行和第 28 行代码。

```
19
20                  if i == 0 and j == 0 and k == 0:
21                      m = m // 1000
22                  elif i == 0 and j == 0:
23                      m = m // 100
24                  elif i == 0:
25                      m = m // 10
26
27                  if n >= 2 and m == n and prime(n):
28                      print(n, end = " ")
```

图 19-4

可以自定义一个 prime() 函数用来判断素数，如果是素数就“return 1”，反之“return 0”，如图 19-1 所示。

到这里全部代码都有了，运行脚本，结果如图 19-5 所示。

```
10000以内的回文素数:
2 3 5 7 11 101 131 151 181 191 313 353 373 383 727 757
787 797 919 929
```

图 19-5

这里虽然有四层循环，但由于是按数位进行拆分，所以每层循环只执行 10 次迭代操作，所以总共执行了 10000 次，这与使用一层循环遍历 10000 个数的执行效率是差不多的。

使用传统方式实现回文素数（遍历每一个数，并判断每一数在符合回文数的条件前提下，同时也是一个素数）。

视频讲解

第 20 课　梅森素数的奥秘

> 归纳和演绎法。
> 互联网梅森素数大搜索（GIMPS）项目。

通过代码求出指数小于 22 的所有梅森素数。

梅森素数（Mersenne Prime）指的是如 2^n-1 的正整数，其中指数 n 是素数，如果结果也是一个素数，那么就将其称为梅森素数。例如，$2^2-1=3$、$2^3-1=7$ 都是梅森素数。

正式开始编程前，先穿插一段有趣的故事。1722 年，瑞士数学大师欧拉（图 20-1），证明了 $2^{31}-1=2\ 147\ 483\ 647$ 是一个素数，它共有 10 位数，成为当时世界上已知的最大素数。

图 20-1

1996 年初，美国数学家及程序设计师乔治 • 沃特曼编制了一个梅森素数计算程序，并把它放在网页上免费使用。这个计算程序就是著名的 GIMPS 项目，也是全球首个基于互联网的网格计算项目，如图 20-2 所示。

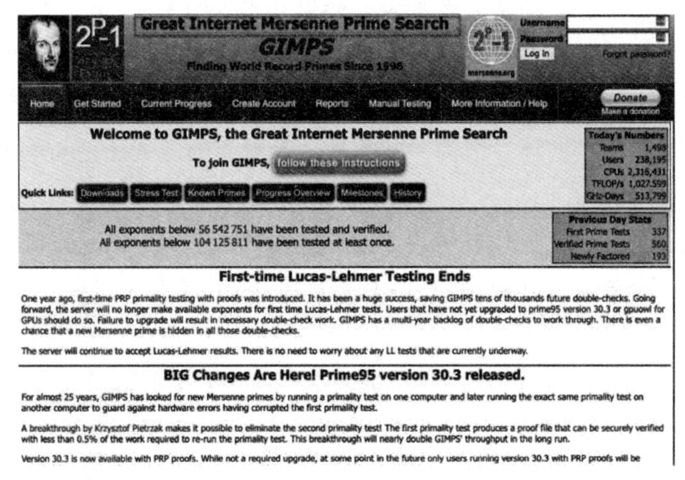

图 20-2

2019 年，一位名叫帕特里克 • 罗什的美国人（图 20-3）利用“互联网梅森素数大搜索（GIMPS）”项目发现第 51 个梅森素数 $2^{82589933}-1$。该素数共有 24 862 048 位，是迄今为止人类发现的最大素数。如果用普通字号将它打印下来，其长度将超过 100km。梅森素数历来都是数论研究中的一项重要内容，也是当今科学探索中的热点和难点问题。

图 20-3

目前，全球有近 70 万人参与 GIMPS 项目，动用了超过 180 万个核中央处理器（CPU）联网来寻找梅森素数。这在数学史上前所未有，在科学史上也极为罕见。

回到本节课的程序编程，可以先假设“只要 n 是素数，结果也是梅森素数”。假设之后就要来求证。先从简单的数来求证假设。当 n 为 2、3、5、7 时，结果确实是梅森素数，但是当 n 为 11 时，211-1=2047=23×89，可以拆分，就不是梅森素数，所以上面的假设不成立。基于这个不成立的假设，要换另一种思路，指数要在 22 以内，第一反应是要用“循环”结构，判断是否为素数的方式还是和第 18 课一样。自定义一个 prime() 函数，如果 n 为素数，则 prime() 函数返回值为 1，否则返回 0。若 prime() 函数返回值为 1，则当前 m 为梅森素数，输出。若 prime() 函数返回值为 0，则当前 m 不是梅森素数，代码如图 20-4 所示。

```
1   import math
2
3   def prime(n):
4       m = math.sqrt(n)
5       i = 2
6       while i <= m:
7           if n % i == 0:
8               return 0
9           i += 1
10      return 1
```

图 20-4

设变量 m 来存储梅森素数，整数 a 表示指数，其取值从 2 到 22。a 每变化一次，都相应地计算出一个梅森素数，然后存放到 m 中。对每次计算得到的当前 m 值，都调用函数 prime() 进行判断，每次都将 m 的当前值作为实参传递给函数 prime()。接下来就是实现梅森素数 m 的判断，根据梅森素数定义“形如 2n-1 的正整数，其中指数 n 是素数，如果结果也是一个素数，则称其为梅森素数”，代码见图 20-5 中第 15 行。

要想实现上述操作，就要在外层通过一个 for 循环指定 range 范围为 (2,22)，循环中每次先求出梅森素数 m，将其结果和 prime(m) 进行判断，并且创建一个变量 c

用于计数，最后将满足上述分析结果的值打印出来，代码如图 20-5 所示。

```
12  c = 0
13  print("梅森素数：")
14  for i in range(2, 22):
15      m = (2**i) - 1
16      if prime(m):
17          c += 1
18          print(f"M{i}={m}")
19  print(f"22以内的所有梅森素数共有{c}个")
```

图 20-5

运行代码，结果如图 20-6 所示。

```
梅森素数：
M2=3
M3=7
M5=31
M7=127
M13=8191
M17=131071
M19=524287
22以内的所有梅森素数共有7个
```

图 20-6

最后再介绍一个知识点。上面我们的假设和求证其实就是最常用的两种推理方法——归纳法和演绎法。在日常生活中，在无数个大大小小决策的背后，使用的几乎都是这两种推理方法。

归纳法是从观察“程序”开始，进而得到普遍性的结论。例如上面发现当 n 为 2 时，结果是梅森素数；n 为 3 时，结果也是梅森素数；n 为 5 时，结果还是梅森素数；n 为 7 时，结果同样是梅森素数。经过这样几次推理后不难发现：只要 n 是素数，结果也是梅森素数。这就是所谓的归纳法，是由个别的经验归纳出普遍的原则，当然这样推断出的普遍原则可能不是正确的。

演绎法则正好相反，它是从一般原则进行推论，从而得出特定的结果。打个比方，如果不插电源，笔记本的续航时间是受电池控制的，所以我们只需要观察笔记本的电池剩余电量，就可以推断出剩下的续航时间，这就是演绎法。

要解决常识无法解决的难题，就要通过自己的观察，以及已经掌握的事物规律，不断交替运用归纳法和演绎法。可以在解决问题的时候，按照“算法设计”将其分成一个一个的步骤来梳理信息。

第一，需要解决的问题是什么？比如计算机显示器黑屏。

第二，导致问题的原因可能有哪些？比如，停电、软件系统问题、主板问题、显示器自身问题等，先把它们都写下来。

第三，按照刚才假设的原因，逐个思考可以通过什么手段进行验证。

第四，根据自己目前掌握的事物规律来预测实验的结果。

第五，通过观察实验的结果判断哪个符合预测。

第六，由实验结果得出结论，找到计算机显示器黑屏的真正原因。

通过第 18 ～ 20 课的反复练习，读者应该可以熟练掌握自定义函数、循环嵌套、各种类型素数的求解。如果还没掌握，只有一个办法——反复敲代码练习，慢一点也没关系，理解了才最重要。

自己动手实现完整代码。

第 21 课　哥德巴赫的猜想

视频讲解

> 整数分拆。
> if __name__ == '__main__'。
> 综合练习。

通过编程验证 2333 以内的所有不小于 2 的偶数，都能够被分解为两个素数之和。

哥德巴赫猜想是数论中存在最久的未解问题之一。这个猜想最早出现在 1742 年由普鲁士人克里斯蒂安・哥德巴赫（图 21-1）与瑞士数学家莱昂哈德・欧拉（图 21-2）的通信中。

图 21-1

图 21-2

用现代的数学语言，哥德巴赫猜想可以陈述为“任何一个大于 2 的偶数，都可以表示成两个素数之和”。这个猜想与当时欧洲数论学家讨论的整数分拆问题有一定的联系。整数分拆问题是一类讨论“是否能将整数分拆为某些拥有特定性质的数之和”的问题。比如能否将所有整数都分拆成为若干个完全平方数之和，或者若干个完全立方数之和，等等。而将一个给定的偶数分拆成两个素数之和，则称为哥德巴赫分拆。

例如：

```
4 = 2 + 2
6 = 3 + 3
8 = 3 + 5
10 = 3 + 7 = 5 + 5
12 = 5 + 7
14 = 3 + 11 = 7 + 7
```

为了验证哥德巴赫猜想对 2333 以内的所有正偶数都是成立的，要将整数分解为两部分，然后判断分解出的两个整数是否均为素数。如果是，则满足题意，否则应该重新进行分解和判断。针对这个问题，可以给出输入和输出的限定：输入时，每行输入一组数据，即 2333 以内的正偶数 n，一直输入到文件结束符为止；输出时，输出 n 能被分解成的素数 a 和 b，如果不止一组解，则输出其中 a 最小的那组解。要根据实际需要，来规定不同的输入和输出形式。

例如输入：4，6，8，10，12，那么输出：2 2，3 3，3 5，3 7，5 7。

通过上面的分析，需要两个自定义函数来实现两个功能：判断素数和验证猜想。

判断素数的程序已经用过很多次了，直接把 prime() 拿来调用即可，代码如图 21-3 所示。

```
1   import math
2
3   def prime(n):
4       m = math.sqrt(n)
5       i = 2
6       while i <= m:
7           if n % i == 0:
8               return 0
9           i += 1
10      return 1
```

图 21-3

重点是“验证猜想”。由于已经对输出做了限定，即当输出结果有多组解时，则输出 a 最小的那组解。

对每个读入的数据 n，分拆出的 a 必然小于或等于 n//2，因此定义循环变量 a，让它从 2 到 n//2 进行循环，每次循环都判断 prime(a) 和 prime(n-a) 是否为 1。如果 prime(a) 和 prime(n-a) 为 1，此时 a 和 n-a 都为素数。又由于 a 是从 2 到 n//2 按从小到大的顺序来迭代的，所以 (a, n-a) 是求出的一组解，且该组解必然是所有可能解中 a 值最小的。

还需要注意的是，由于除了 2 以外的偶数不可能是素数，所以，a 的可能取值只能是 2 和所有的奇数。那就将上面的函数取名为 guess()，功能就是验证传入的参数 n 是否满足哥德巴赫猜想。代码其实不难，一个 while 循环即可，代码如图 21-4 所示。

```
12  def guess(n):
13      ok = 0
14      i = 2
15      while i <= (n // 2):
16          if prime(i):
17              if prime(n - i):
18                  print(f"分解结果：{i} {n-1}\n")
19                  ok = 1
20          if i != 2:
21              i += 1
22          if ok == 1:
23              break
24          i += 1
```

图 21-4

既然是“验证”，最好让程序自动运行，输入完就进行判断，然后不需要手动重启脚本就可以开启下一轮验证。主框架还是用 while 循环，每输入一个数据就处理一次，直到人为结束程序或输入非法数据而终止输入。

Python 是一种解释型脚本语言，运行时是从模块顶行开始，逐行进行解释执行，所以最顶层（没有被缩进）的代码都会被执行。不同于 Java、C 等编程语言，Python 不需要统一的 main() 作为程序的入口。

在 Python 中“if __name__ == '__main__'”表示代码入口在此。当 .py 文件被直接运行时，“if __name__ == '__main__'”之下的代码块将被运行。优化后的代码如图 21-5 所示。

```
24          i += 1
25
26  if __name__ == "__main__":
27      while True:
28          print("请输入一个不小于4的正偶数:")
29          n = int(input())
30          guess(n)
```

图 21-5

这样就可以反复让脚本执行，运行结果如图 21-6 所示。

```
请输入一个不小于4的正偶数:
30
分解结果: 7 23

请输入一个不小于4的正偶数:
20
分解结果: 3 17

请输入一个不小于4的正偶数:
33
分解结果: 2 31
```

图 21-6

进一步的解释，“if __name__ == "__main__"”用于检查当前模块是否程序的主模块（即直接被运行的模块）。当 Python 解释器读取一个 .py 文件时，会将该文件作为一个模块载入。如果该模块是通过直接运行的方式启动的（而不是被其他模块导入的），那么该模块就被视为主模块。

在一个模块中，当使用“__name__”属性时，它会返回该模块的名字。在主模块中，“__name__”属性的值为“"__main__"”；在被导入的模块中，“__name__”属性的值为该模块的名字。因此，当我们想要检查当前模块是否是主模块时，可以使用条件语句“if __name__ == "__main__"”。如果当前模块是主模块，那么该条件语句的值为 True，否则为 False。

自己动手实现含有“if __name__ == "__main__"”的完整代码。

第 22 课　汉诺塔

> 递归。

通过编程实现汉诺塔游戏。

汉诺塔是由一个古老的印度传说形成的数学问题：“传说在世界中心贝拿勒斯（印度北部）的圣庙里，一块黄铜板上插着三根宝石柱子。印度教的主神梵天在创造世界的时候，在其中一根柱子上从下到上地穿好了由大到小的 64 枚金片，这就是所谓的汉诺塔。不论白天黑夜，总有一个僧侣在按照下面的法则移动这些金片：一次只移动一枚金片，不管在哪根针上，小的金片必须在大的金片上方。另外，僧侣们曾预言当所有的金片都从梵天穿好的那根柱子上移动到另外一根柱子上时，世界将在一声霹雳中毁灭，而梵塔、庙宇和众生也都将同归于尽……”

尽管是一个传说，但在现实中也可以找到简化版的汉诺塔玩具，如图 22-1 所示。

图 22-1

下面为了方便描述，使用 A、B、C 三个字母来表示三根柱子，游戏的要求就是将 A 柱上的 N 枚金片，转移到 C 柱上面。但是，有两个限制条件：

（1）每次只能移动一枚金片。

（2）大的金片不能放在小的金片上面。

基于上面两个限制条件的约束，想要完成汉诺塔游戏的挑战，不妨先简化分解为以下三步：

（1）将顶上的 63 枚金片从 A 柱移动到 B 柱。

（2）将底下最大的第 64 枚金片从 A 柱移动到 C 柱。

（3）将 B 柱上的 63 枚金片移动到 C 柱。

有读者可能会疑惑：这第二步简单（只需要移动一枚金片即可），但是第一步和第三步就没那么容易了吧？

是的，不过对于第一步和第三步，也是可以如法炮制的。比如第一步“将顶上的 63 枚金片从 A 柱移动到 B 柱”，那么按照上面三步的拆解思路，就是：

（1）将顶上的 62 枚金片从 A 柱移动到 C 柱。

（2）将底下最大的第 63 枚金片从 A 柱移动到 B 柱。

（3）将 C 柱上的 62 枚金片移动到 B 柱。

那么继续往下，将“将顶上的 62 枚金片从 A 柱移动到 C 柱”，依然可以利用 B 柱来进行：

（1）将顶上的 61 枚金片从 A 柱移动到 B 柱。

（2）将底下最大的第 62 枚金片从 A 柱移动到 C 柱。

（3）将 B 柱上的 61 枚金片移动到 C 柱。

发现了吗？虽然步骤永远都是借助第三根柱子实现金片的转移，但每经历一次拆解，需要移动的金片数量就会减少一片。按照这个思路继续下去，最终需要实现的就会回归到第二步“将底下最大的金片从 A 柱移动到 C 柱”，这样就足够简单了，因为只是需要移动一枚金片，即可解决问题。

这其实就是一种分治思想。分治思想是一种算法设计策略，它将一个大问题分解为多个小问题，然后将小问题分别解决，最后将小问题的解合并起来得到大问题的解。分治思想通常用于解决那些可以被分解为相同或相似子问题的问题。

那么将上面的推理过程使用计算机能理解的方式来表述，我们需要借助递归的概念。

在数学与计算机科学中，“递归”是指在函数的定义中使用函数自身的方法。递归一词还较常用于描述以自相似方法重复事物的过程，可以理解为自我复制的过程。递归可以解决很多计算机科学问题，因此它是计算机科学中十分重要的一个概念，如图 22-2 所示。

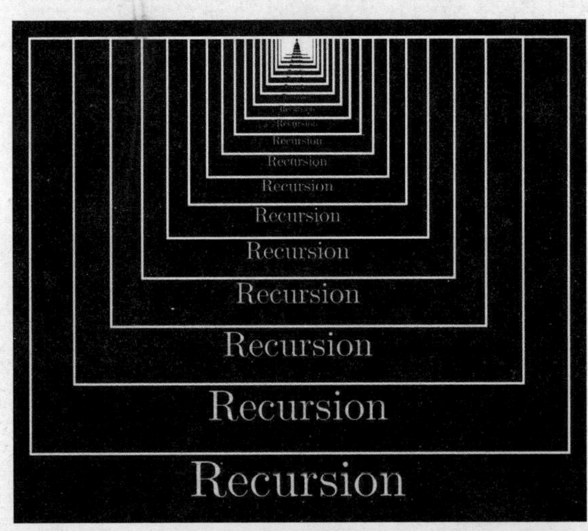

图 22-2

绝大多数编程语言支持函数的自调用，在这些语言中函数可以通过调用自身来实现递归。计算机科学家尼克劳斯·维尔特（图 22-3）如此描述递归："递归的强大之处在于它允许用户用有限的语句描述无限的对象。因此，在计算机科学中，递归可以被用来描述无限步的运算，尽管描述运算的程序是有限的。"

图 22-3

通过上面移动金片的推理，还可以总结出递归算法的一些特征：为了求解规模为 N 的问题，应先设法将该问题分解成一些规模较小的问题，从这些较小问题的解可以方便地构造出大问题的解。同时，这些规模较小的问题也可以采用同样的方法分解成规模更小的问题，并能从这些规模更小的问题的解中构造出规模较小问题的解。特别地，当 N=1 时，可直接获得问题的解。

先定义递归函数 hanoi(N,A,B,C)，该方法表示将 N 个金片从 A 柱借助 B 柱移动到 C 柱，金片的初始个数为 N。移动的过程可以梳理成以下几步。

（1）如果 A 柱上只有 1 枚金片，此时 N=1，则可直接将从 A 柱移动到 C 柱上，问题得到解决。

（2）如果 A 柱上有 1 枚以上的金片，即 N ＞ 1，此时需要再考虑三个步骤：

- 将 N−1 枚金片从 A 柱借助 C 柱移动到 B 柱上。显然，这 N−1 枚金片不能作为一个整体移动，而是要按照要求来移动。此时，可递归调用函数 hanoi(N-1,A,C,B)。需要注意的是，这里借助 C 柱将 N−1 枚金片从 A 柱移动到 B 柱上，A 是源，B 则是目标。
- 将 A 柱上剩下的第 N 枚金片移动到 C 柱上。

- 将 B 柱上的 N-1 枚金片借助 A 柱移动到 C 柱上。此时，递归调用函数 hanoi(N-1,B,A,C)。需要注意的是，这里借助于 A 柱将 N-1 枚金片从 B 柱移动到 C 柱上，B 是源，C 是目标。

完成了这三步就可以实现预期的效果：在 C 柱上按照正确的次序叠放好所有的金片。

根据这几步分析，递归函数 hanoi(N,A,B,C) 先进行 N 为 1 时的编写，将 A 柱上剩下的第 N 枚金片移动到 C 柱。否则借助 C 柱将 N-1 枚金片从 A 柱移动到 B 柱，代码如图 22-4 所示。

```
1  def hanoi(N, A, B, C):
2      if N == 1:
3          print(f"将金片 {N} 从 {A} 移到 {C} ")
4      else:
5          hanoi(N - 1, A, C, B)
6          print(f"将金片 {N} 从 {A} 移到 {C} ")
7          hanoi(N - 1, B, A, C)
```

图 22-4

这样就通过 hanoi() 自己调用 hanoi() 实现汉诺塔的核心部分了。接下来让用户输入金片的数量，并显示每一步的操作过程，如图 22-5 所示。

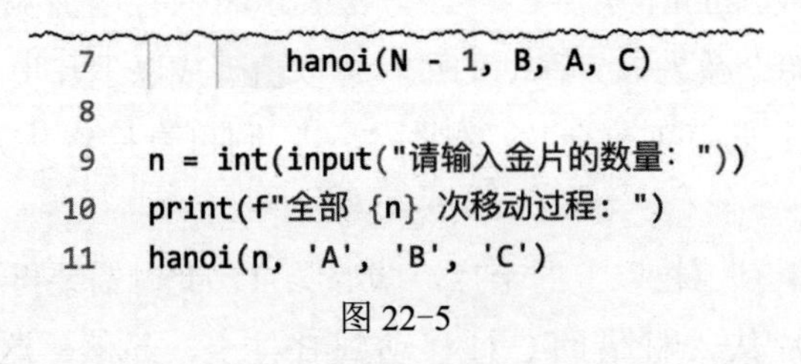

```
7          hanoi(N - 1, B, A, C)
8
9  n = int(input("请输入金片的数量: "))
10 print(f"全部 {n} 次移动过程: ")
11 hanoi(n, 'A', 'B', 'C')
```

图 22-5

先输入 3 枚金片，运行代码，结果如图 22-6 所示。

```
请输入金片的数量：3
全部 3 次移动过程：
将金片 1 从 A 移到 C
将金片 2 从 A 移到 B
将金片 1 从 C 移到 B
将金片 3 从 A 移到 C
将金片 1 从 B 移到 A
将金片 2 从 B 移到 C
将金片 1 从 A 移到 C
```

图 22-6

这样，只有 3 枚金片的话，需要移动 7 次（2^3-1），如果是 6 枚金片，则需要移动 63 次（2^6-1）。大家可以计算一下，如果根据印度传说中那样，需要移动 64 枚金片，一共需要移动多少次？

答案是 18446744073709551615（2 的 64 次方减 1）次，因此，如果僧侣 1s 能够移动一枚金片，不论白天黑夜永不停歇，也需要 5849 亿年才能完成任务。目前按照宇宙大爆炸理论的推测，宇宙的年龄也仅为 137 亿年，所以，我们也不必太担心这个传说是否会应验的问题了。

自己动手实现一个叫 recursion() 的递归函数，它的功能是将传入参数的值除以 2（地板除），输出这个过程中得到的商，并递归调用自身，直至结果为 0。

第 23 课　猜零食

> 循环与递归。　　> 递归三要素。

小师妹买了一箱薯片，第一天吃掉其中一半后又多吃了一包（不存在只吃半包的情况），第二天照此方法吃完剩下的一半后又多吃了一包，每天如此，直到第 10 天早上，小师妹发现只剩下一包薯片了。通过编程求出这箱薯片一共有多少包？

可以先假设一箱有 10 包，根据题目的提示：第一天就要吃掉总数的一半就是 5 包，然后额外多加 1 包，一共吃了 6 包，此时总数还剩 4 包；第二天就要吃掉第一天剩下中的一半就是 2 包，然后额外又增加 1 包，也就是吃了 3 包，此时还剩最后 1 包薯片；这样第三天就只剩下 1 包薯片了……

如果按照这个思路，通过迭代的方法不断增加总数，然后进行测试，这样只需要找到符合要求的总数（即在第 10 天刚好是 1），便是答案。

先将问题抽象成数学表达式，假设 Ai 为第 i 天吃完后剩下的薯片总数。A0 表示刚买来时薯片总数。显然，题目要求的就是这个 A0。那么根据问题描述，前后相邻两天之间的薯片数应当存在如下关系：

```
A(i+1) = Ai - (Ai/2 + 1)
```

这个表达式还可以转换为：

```
Ai = 2 * A(i+1) + 2 = 2 * (A(i+1) + 1)
```

根据这个公式，代入数字进去递推一下：

```
A0 = 2 * (A1 + 1)      A1：第 1 天吃完后剩下的薯片数
A1 = 2 * (A2 + 1)      A2：第 2 天吃完后剩下的薯片数
…
A8 = 2 * (A9 + 1)      A9：第 9 天吃完后剩下的薯片数
A9 = 1
```

已经事先知道第 9 天吃完后（隔天即第 10 天）剩下的薯片总数是 1。因此，根据上面的这个递推式，可以推出第 8 天的薯片总数。根据第 8 天吃完后剩下的薯片数，又可以推出第 7 天的薯片总数……重复进行下去，就可以推出整箱薯片的总数。毫无疑问，使用循环结构可以实现上述推理过程，核心就是“第 1 天的薯片数是第 2 天薯片数加 1 后的 2 倍”。创建变量 x 表示后一天的薯片数，y 表示前一天的薯片数，还需要创建 day 表示天数，最后使用 while 实现逐日递减的循环，代码如图 23-1 所示。

```
1  day = 9
2  x = 1
3  while day > 0:
4      y = (x + 1) * 2
5      x = y
6      day -= 1
7  print(f"一共有 {y} 包薯片")
```

图 23-1

运行代码，结果如图 23-2 所示。

```
一共有1534包薯片
```

图 23-2

既然在第 22 课中已经学习了递归操作，那么这个问题也可以使用递归来进行求解。俗话说得好：“普通程序员用迭代，天才程序员用递归”。 用递归就要假设第 n 天吃完后剩下的薯片数为 A(n)，第 n+1 天吃完后剩下的薯片数为 A(n+1)，那么创建函数 A(n)，n 表示天数，如果 n 大于或等于 9 返回 1；反之，则返回递归调用 2 *

A(n+1) + 1，如图 23-3 所示。

```
1  def A(n):
2      if n >= 9:
3          return 1
4      else:
5          return (2 * (A(n + 1) + 1))
6
7  if __name__ == "__main__":
8      print(f"女神共吃了{A(0)}包薯片")
```

图 23-3

最后总结一下递归的三个基本定律。

- 必须有一个结束条件。
- 必须能改变函数的调用状态，使得每次调用都能向结束条件推进。
- 必须调用函数自身。

三个条件需要同时满足，正确的递归才能执行。就拿本例来说，结束条件就是 n 大于或等于 9；每次递归调用 2 * A(n+1) + 1；A(n+1) 向着结束条件推进。

这节课通过“迭代”和“递归”都解决了问题。迭代是反复执行某一段区域内的代码，直到符合终止条件，如果不加控制，就会变成死循环。而递归是函数体调用自身的过程，在使用递归的同时，一定要注意结束条件，如果不加控制，将无休止地调用自身，耗费内存资源直到栈溢出，程序崩溃。

在递归中，函数每调用一次自身就会在内存中创建一个栈帧，直至函数返回，该栈帧才会销毁，因此使用递归进行操作的代码相对于迭代，有时候会耗费更多的内存空间。

阶乘是一个正整数与小于它的所有正整数的乘积，通常用符号“!”表示。例如，5 的阶乘表示为 5!，计算方法为：5! = 5 × 4 × 3 × 2 × 1 = 120。

阶乘的计算可以通过循环或递归来实现，请定义 fact_iter() 和 fact_recur() 两个函数分别实现“循环求阶乘”和“递归求阶乘结果”。

视频讲解

第 24 课　杨辉三角形

学习重点

> 递归。　　> 格式化打印。

使用递归打印出杨辉三角形。

杨辉三角形又称帕斯卡三角形、贾宪三角形、海亚姆三角形、巴斯卡三角形，是二项式系数的一种写法，形似三角形。它首现于南宋杨辉的《详解九章算法》，书中说杨辉三角是引自贾宪的《释锁算书》，故又名贾宪三角形，如图 24-1 所示。

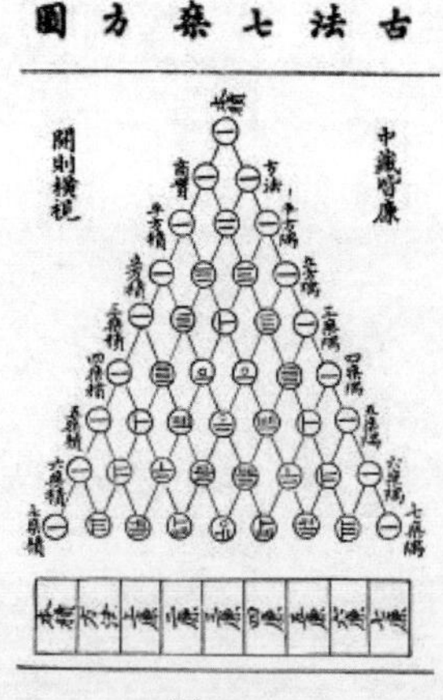

图 24-1

图 24-1 可以帮助古人将（a+b）的 n 次方快速而准确地展开成多项式。比如，（a+b）的 1 次方等于 a + b，展开还是两项，系数都是 1，相当于杨辉三角的第二行数字 1、1；（a+b）的 2 次方等于 $a^2 + 2ab + b^2$，展开变成了三个项，系数分别是 1、2、1，而杨辉三角第三行数字也是 1、2、1；（a+b）的 3 次方等于 $a^3 + 3a^2b + 3b^2a + b^3$，展开变成四项，系数分别是 1、3、3、1，是杨辉三角第四行数字；以此类推。如果想知道（a+b）的 6 次方展开是多少？可以查杨辉三角图形，前 9 行写出来如下所示：

```
                1
              1   1
            1   2   1
          1   3   3   1
        1   4   6   4   1
      1   5  10  10   5   1
    1   6  15  20  15   6   1
  1   7  21  35  35  21   7   1
1   8  28  56  70  56  28   8   1
```

只需查看第 7 行数字“1、6、15、20、15、6、1”，总共 7 个数字，说明展开后的多项式共有 7 项，系数分别是 1、6、15、20、15、6、1，写成表达式就是：$a^6 + 6a^5b + 15a^4b^2 + 20a^3b^3 + 15a^2b^4 + 6ab^5 + b^6$。

通过上面的分析，杨辉三角形中的数是（x+y）的 N 次方幂展开式各项的系数。杨辉三角形是程序设计中具有代表性的题目，求解的方法很多，不过本节课的要求是使用递归实现杨辉三角形的打印。

先复习一下在第 23 课最后总结的“递归三定律”。

- 必须有一个结束条件。
- 必须能改变函数的调用状态，使得每次调用都能朝着结束条件的方向推进。
- 必须调用函数自身。

通过上面的分析，可以总结出杨辉三角形的几个特征。

- 第 x 行有 x 个值（设起始行为第 1 行）。
- 对于第 x 行的第 y（y>=3）个值，当 y=1 或 y=x 时，其值为 1。
- 当 y!=1 且 y!=x 时，其值为第（x-1）行的第（y-1）个值与第（x-1）行的第 y 个值之和。
- 将这些特点提炼成数学公式，则位于杨辉三角第 x 行第 y 列的值为

$$c(x,y) = \begin{cases} 1 & \text{当 } y=1 \text{ 或者 } y=x \\ c(x-1)+c(x-1,y) & \text{当 } y \neq 1 \text{ 并且 } y \neq x \end{cases}$$

根据公式创建函数 c(x,y)，通过 if…else…分支语句，让代码根据不同的条件执行不同的操作，代码如图 24-2 所示。

```
1  def c(x, y):
2      if y == 1 or y == x:
3          return 1
4      else:
5          z = c(x - 1, y - 1) + c(x - 1, y)
6          return z
```

图 24-2

接下来只需通过 input() 函数获取用户输入的行数，然后逐行遍历调用即可获得杨辉三角形的结果。此时可能会遇到一个问题，就是如何将得到的结果打印成三角形的样子呢？

我们可以告诉计算机哪里需要添加空格，哪里可以打印结果。print() 函数默认会添加换行符号，可以通过设置 end 参数将其替换为空格，代码如图 24-3 所示。

```
6            return z
7
8   n = int(input("请输入需要打印的杨辉三角行数: "))
9   for i in range(1, n + 1):
10      for j in range(0, n - i + 1):
11          print(" ", end=" ")
12      for j in range(1, i + 1):
13          print(f"{c(i, j)} ", end=" ")
14      print()
```

图 24-3

运行代码，输入 10 行，结果如图 24-4 所示。

```
请输入需要打印的杨辉三角行数: 10
                    1
                  1   1
                1   2   1
              1   3   3   1
            1   4   6   4   1
          1   5   10   10   5   1
        1   6   15   20   15   6   1
      1   7   21   35   35   21   7   1
    1   8   28   56   70   56   28   8   1
  1   9   36   84   126   126   84   36   9   1
```

图 24-4

图 24-4 中的格式还是有些“不好看”，可以用传统的“%d”格式化对象为十进制操作。使用后，在需要输出的长字符串中占位置。输出字符串时，可以依据变量的值，自动更新字符串的内容，修改最后一个 print：

```
print("%3d"%c(i,j), end=" ")
```

“%3d”意思是打印结果为 3 位整数，当整数的位数不够 3 位时，在整数右侧补空格，修改代码，如图 24-5 所示。

```
6          return z
7
8   n = int(input("请输入需要打印的杨辉三角行数: "))
9   for i in range(1, n + 1):
10      for j in range(0, n - i + 1):
11          print(" ", end=" ")
12      for j in range(1, i + 1):
13          #print(f"{c(i, j)} ", end=" ")
14          print("%3d" % c(i, j), end=" ")
15      print()
```

图 24-5

运行结果如图 24-6 所示。

```
请输入需要打印的杨辉三角行数: 10
                      1
                    1   1
                  1   2   1
                1   3   3   1
              1   4   6   4   1
            1   5  10  10   5   1
          1   6  15  20  15   6   1
        1   7  21  35  35  21   7   1
      1   8  28  56  70  56  28   8   1
    1   9  36  84 126 126  84  36   9   1
```

图 24-6

现在的效果就比之前好很多了，不过当行数太多、显示器宽度不够时，格式还会乱，但至少比图 24-4 看起来更工整了。

在图 24-6 基础上将格式继续优化，形成“隔行错开”的效果，即在偶数行加 4 个空格。友情提醒：print 中通过 tab 创建 4 个空格。

第 25 课　逆序数字 / 字符串

> 递归综合应用。　　> 字符串切片。

通过编程将任意输入的整数逆序输出，并且不能使用现有的逆序方法。

经过第 22 ～ 24 课的铺垫，相信读者已经熟练地掌握了递归的用法。递归问题无非就是这两大类：

- 数值递归问题。
- 非数值递归问题。

数值问题的递归是指可以表达为数学公式的问题，例如第 23 课的猜零食和第 24 课的杨辉三角形。由于本身可以表达为数学公式，所以可以从数学公式入手来推导问题的递归定义，接着确定问题的边界条件，从而最终得到递归函数和递归的结束条件。

非数值问题的递归是指问题本身难以用数学公式来表达，例如第 22 课的汉诺塔。由于本身不能用数学公式来表达，所以求解的一般方法是要自行设计一种算法，进而找出问题的一系列操作步骤，让非数值问题也可以用递归法来进行求解。

这节课我们趁热打铁，继续用递归来解决一个整数逆序输出的问题。此外，题目中还要求“不能使用现有的逆序方法”，这意味着不能使用 reverse()、list[::-1]、reversed()，因此，需要理解其原理并自己编写代码来实现。

首先需要判断输入的整数是正整数还是负整数（无论正整数还是负整数，程序都应该可以正常处理）。而正、负的区别就在于前缀的符号，正整数直接逆序；如果是负整数，则应该先在逆序输出前打印出一个前缀减号（-）表示负数。解决完这些，才能开始处理整数的逆序问题。先分析四位正整数的逆序，并从中寻找规律。

假设输入的整数是 abcd，可以这样拆开考虑：

（1）基于四位数 abcd，如果前三位数 abc 已经实现了逆序成了 cba，则只需打印最后一位 d 与 cba 即可。

（2）基于三位数 abc，如果前两位数 ab 已经实现了逆序成了 ba，则只需打印 c 与 ba 即可。

（3）基于两位数 ab，如果前一位数 a 已经实现了逆序，则只需打印 b 与 a 逆序后的一位数即可，显然，a 逆序后还是它本身，因此可直接打印结果 ba。

（4）接着再由第（3）步向上递推，则可以实现 abcd 的逆序输出 dcba 这个四位整数。

由上面的分析过程可知，这是一个递归问题，将大问题逐渐细化，递归的结束条件就是对一位数进行逆序操作的结果仍是它本身，这也是递归操作的精髓所在，也就是上面讲的 a 逆序后还是 a。可以根据上面的算法分析过程，先创建一个负责逆序功能的递归函数 myReverse()，主要用来去掉当前正整数 n 中的最高位，将剩下的正整数作为递归函数的实际参数，代码如图 25-1 所示。

```
1  def myReverse(n):
2      if n != 0:
3          print(f"{(n % 10)}", end="")
4          myReverse(n // 10)
```

图 25-1

此外整数也包括负数，在程序组就需要去掉表示负数的符号“-”，然后再按照上面的递归操作。怎么去掉符号呢？可以先把 num 转换为字符串，截取第一位即符号位“-”，然后再将数字进行逆序，最后拼接上即可。如何实现截取呢？就要用到 Python 中的切片操作。

切片是Python序列的重要操作之一，适用于列表、元组、字符串、range对象等类型。切片(a:b:c)使用两个冒号分隔a、b、c三个参数来完成。第一个参数a表示切片的开始位置，默认为0；第二个参数b表示切片的截止（但不包含）位置（默认为列表长度）；第三个参数c表示切片的步长（默认为1），当步长省略时，顺便可以省略最后一个冒号，请看例子：

```
fishc = [3, 4, 5, 6, 7, 9, 11, 13, 15, 17]
print(fishc[::])    # [3, 4, 5, 6, 7, 9, 11, 13, 15, 17]
print(fishc[::-1])  # [17, 15, 13, 11, 9, 7, 6, 5, 4, 3]
print(fishc[::2])   # [3, 5, 7, 11, 15]
print(fishc[1::2])  # [4, 6, 9, 13, 17]
print(fishc[3::])   # [6, 7, 9, 11, 13, 15, 17]
print(fishc[3:6])   # [6, 7, 9]
```

可以使用切片来截取列表中的任何部分，从而得到一个新的列表，也可以通过切片来修改和删除列表中部分元素，甚至可以通过切片操作为列表对象增加元素。与使用下标访问列表元素不同，切片操作不会因为下标越界而抛出异常，而是简单地在列表尾部截断或者返回一个空列表，代码更简洁不容易出错。

这里只需要去除第一位表示负数的符号，因此使用“[1:]”即可，注意这个操作的前提条件是num为负数，代码如图25-2所示。

```
4            myReverse(n // 10)
5
6   num = int(input("请输入一个整数: "))
7   if num < 0:
8       str_num = str(num)
9       num = str_num[1:]
10      print("-", end="")
11      myReverse(int(num))
12  else:
13      myReverse(num)
```

图25-2

此时运行代码，结果如图 25-3 所示。

```
请输入一个整数：123467890
098764321
请输入一个整数：-123888888
-888888321
```

图 25-3

可能有读者会问：“那字符串可以通过递归实现逆序吗？”既然数字都实现了，字符串也问题不大。先创建递归函数 rvstr(s) 来逆序输出字符串，递归条件就是当字符串长度小于或等于 1 时返回参数 s，否则返回 rvstr(s[1:]) + s[0]，代码如图 25-4 所示。

```
1  def rvstr(s):
2      if len(s) <= 1:
3          return s
4      return rvstr(s[1:]) + s[0]
```

图 25-4

此时运行代码，结果如图 25-5 所示。

```
请输入一个字符串：ilovefishc
ilovefishc逆序后chsifevoli
```

图 25-5

注意：在 Python 中，字符串一旦被创建是无法直接修改的。不过上面代码中使用了字符串拼接的方式（也就是通过不断创建新的字符串）来实现逆序排列。

菲波那契数列是一个非常经典的数学数列，它的第一个和第二个数字分别为 0 和 1，从第三个数字开始，每个数字都是前两个数字的和。数列的前几个数字通常是：0、1、1、2、3、5、8、13、21、34……

编程求解斐波那契数列，使用递归进行求解。

第 26 课　程序优化法则

- 优化原则。
- 慎用全局变量。
- 无意义的数据复制。
- 拼接字符串用 join。
- 用 if 的短路特性。
- 循环的优化。

在第 2 课我们谈了新手最容易踩的坑，学到这节课，读者已从新手进阶为“初学者”，不会再“踩”新手容易出现的简单错误了。毕竟已经完成了 30 段有趣的程序，而犯的“错”，也是变得越来越“高级”。

26.1　优化原则

写代码是一回事，优化代码又是一回事。在第 11 课（爱因斯坦的数学题）中通过引入函数来优化代码的结构，需要遵循以下 3 个优化原则：

- 避免过早优化；
- 权衡代价；
- 集中火力干正事。

原则一：避免过早优化。

很多读者一开始上手写代码就奔着性能优化的目标，对于“老鸟”这无可厚非，但是对于新手，如果这么要求自己，就会感到步履维艰，因为你不敢先让程序“跑起来”。但没有跑起来就不知道哪里是重点，就会陷入某个点中而无法将程序完成。俗话说得好：“让正确的程序更快要比让快速的程序正确容易得多”，因此，优化的前提是代码能够正常工作。过早地进行代码优化，可能会忽视对总体性能指标的把握，在得到全局结果之前，切忌主次颠倒。

原则二：权衡代价。

对于已经上手编程的读者，应该都已经学会“权衡代价”了，如果还不会，说明犯过的错还不够多，做任何事情，都是有“代价”的，就像你此时此刻看着这段文字，就无法同时兼顾看其他文字的一样。在编程中，想要同时解决所有性能的问题几乎是不可能的，通常面临的选择无非就是拿时间换空间或者拿空间换时间。

原则三：集中火力干正事。

不要将大量的精力用在优化那些无关紧要的代码。如果对代码的每一部分都进行细致优化，那么这些修改一方面会使得代码变得难以阅读和理解，另外更重要的一方面，这样做会耗费你大量的时间和精力。如果代码运行速度很慢，首先需要找到代码运行慢的地方，通常是内部多层嵌套的循环或者大量的递归堆积，需要将更多的精力用在优化这些严重拖后腿的代码上面。

26.2 慎用全局变量

在 Python 中，全局变量在整个程序中可见，因此如果使用过多的全局变量，可能会导致变量名冲突和混淆，这也称作命名空间污染问题。

如图 26-1 所示代码中定义了一个全局变量 x，然后定义了两个函数 change_x 和 print_x。change_x 函数使用 global 关键字将 x 声明为全局变量，并将其值修改为 20。print_x 函数使用全局变量 x 输出其值。

```
1   x = 10
2
3   def change_x():
4       global x
5       x = 20
6
7   def print_x():
8       print(x)
9
10  change_x()
11  print_x()
```

图 26-1

当运行这个程序时，输出的结果是 20。这是因为 change_x 函数修改了全局变量 x 的值，并且 print_x 函数使用了修改后的值。然而，如果在程序的其他地方定义了一个与全局变量 x 同名的变量，就会发生命名空间污染的问题，代码如图 26-2 所示。

```
1  x = 10
2
3  def change_x():
4      global x
5      x = 20
6
7  x = "hello"
8  change_x()
9  print(x)
```

图 26-2

这个例子中，在定义全局变量 x 后，又定义了一个同名的变量 x，并将其值设置为字符串 "hello"。然后，调用 change_x 函数修改全局变量 x 的值，并输出 x 的值。

然而由于定义了一个同名的变量 x，全局变量 x 的值被覆盖了，所以输出的结果是字符串 "hello"，而不是修改后的值 20。这就是命名空间污染的问题，因为变量名冲突导致程序的行为变得不可预测。

26.3　无意义的数据复制

这里的复制，不是指那种把函数复制过来直接用，而是指数据层面的复制。

图 26-3 所示代码中的 value_list 其实完全没有必要，因为会创建不必要的数据结构或复制，修改后如图 26-4 所示。

```
1  size = 99999
2  for f in range(size):
3      value = range(size)
4      value_list = [x for x in value]
5      square_list = [x * x for x in value_list]
```

图 26-3

```
1  size = 99999
2  for f in range(size):
3      value = range(size)
4      square_list = [x * x for x in value]
```

图 26-4

另外，也不要滥用 copy.deepcopy() 之类的函数，通常在这些代码中是可以去掉复制操作的。

26.4 拼接字符串用 join

小甲鱼老师在“零基础入门学习 Python（最新版）”视频中讲解字符串的使用时强调过:“字符串拼接请用 join，忘掉 +”。但实际开发中还是有很多人还是偷懒而去使用“+”，如图 26-5 所示。

```
1  result = ''
2  for i in string_list:
3      result += i
4  return result
```

图 26-5

当使用 a + b 拼接字符串时，由于 Python 中字符串是不可变对象，其会申请一块内存空间，将 a 和 b 分别复制到该新申请的内存空间中。因此，如果要拼接 n 个字符串，会产生 n-1 个中间结果，每产生一个中间结果都需要申请和复制一次内存，这样一定会严重影响运行效率。

而使用 join() 拼接字符串时，会首先计算出需要申请的总的内存空间，然后一次性地申请所需内存，并将每个字符串元素复制到该内存中。所以学完这节课，请用 join 来拼接字符串，如下:

```
return ''.join(string_list)
```

另外，这样书写代码是不是很简单、很舒服呢？

26.5 用 if 的短路特性

短路特性是指对于“if a and b”这样的语句，当 a 为 False 时将直接返回，不再计算 b，比如:

```
if (1 > 2) and (3 > 2)
```

上面代码在判断完 1 > 2 是 False 之后，会直接将 False 作为条件判断的结果，不会再去判断 3 > 2。

对于“if a or b”这样的语句，当 a 为 True 时将直接返回，不再计算 b，比如：

```
if (3 > 2) or (1 > 2)
```

上面代码在判断完 3 > 2 是 True 之后，会直接将 True 作为条件判断的结果，不会再去判断 1 > 2。

这就是短路逻辑的核心玩法，基于此还可以将多个 and 或 or 混用在一起。

下面使用实例来加深大家对短路逻辑的理解。在下面这个小程序中，用户需要连续输入两次月考的成绩和期末考试成绩，月考只要求其中一次成绩及格（大于或等于 60 分）即可，而期末考试则必须及格，这样最终的学期成绩才算及格，及格就输出“合格”，否则输出“失败”。代码如图 26-6 所示。

```
1  grade1 = int(input("请输入第一次月考成绩："))
2  grade2 = int(input("请输入第二次月考成绩："))
3  FinalGrade = int(input("请输入期末考试成绩："))
4  if (grade1>=60 or grade2>=60) and FinalGrade>=60:
5      print("合格")
6  else:
7      print("失败")
```

图 26-6

结果如图 26-7 所示。

```
请输入第一次月考成绩：61
请输入第二次月考成绩：59
请输入期末考试成绩：58
失败
```

图 26-7

上面的代码是不是非常精简？短路掉的部分，就是提升效率之所在。

26.6　循环的优化

相信不管是新手、初学者还是有经验的开发者，循环结构在他们的代码中都是非常常见的，而选择不同的循环结构是有效率高低之别的。下面列出的这几点暂时不理解也没关系，但可以先记住它们：

- 用 for 循环代替 while 循环。

- 使用隐式 for 循环代替显式 for 循环。
- 减少内层 for 循环的计算。

下面通过代码逐条进行解释。

在 Python 底层中，for 循环比 while 循环效率更高，像这种最常用的 while 循环结构：

```
while i < size:
    sum += 1
    i++
return sum
```

可以改写成：

```
for i in range(size):
    sum += 1
return sum
```

针对这样的写法，更进一步还可以用隐式循环代替显示 for 循环：

```
return sum(range(size))
```

很多有经验的开发者都爱用这种写法，读者按照自己的喜好选择使用即可。

最后的循环嵌套，在第 9 课的循环结构中讲过，这里不做深入讨论了。像下面这段平方根求和的代码：

```
for x in range(size):
    for y in range(size):
        z = sqrt(x) + sqrt(y)
```

代码中 sqrt(x) 位于 for 循环最内层，这就意味着每次执行都会重新计算一次，增加了时间开销。其实可以这样写：

```
for x in range(size):
    sqrt_x = sqrt(x)
    for y in range(size):
        z = sqrt_x + sqrt(y)
```

如此可以减少内层 for 循环的计算次数。

其实还有很多优化的高级操作，随着写程序的水平越来越高，都会一一用到。最后给大家安利一个查询 Python 数据结构效率的网站 (https://wiki.python.org/moin/

TimeComplexity)，如图 26-8 所示，有兴趣的读者可以自行学习。

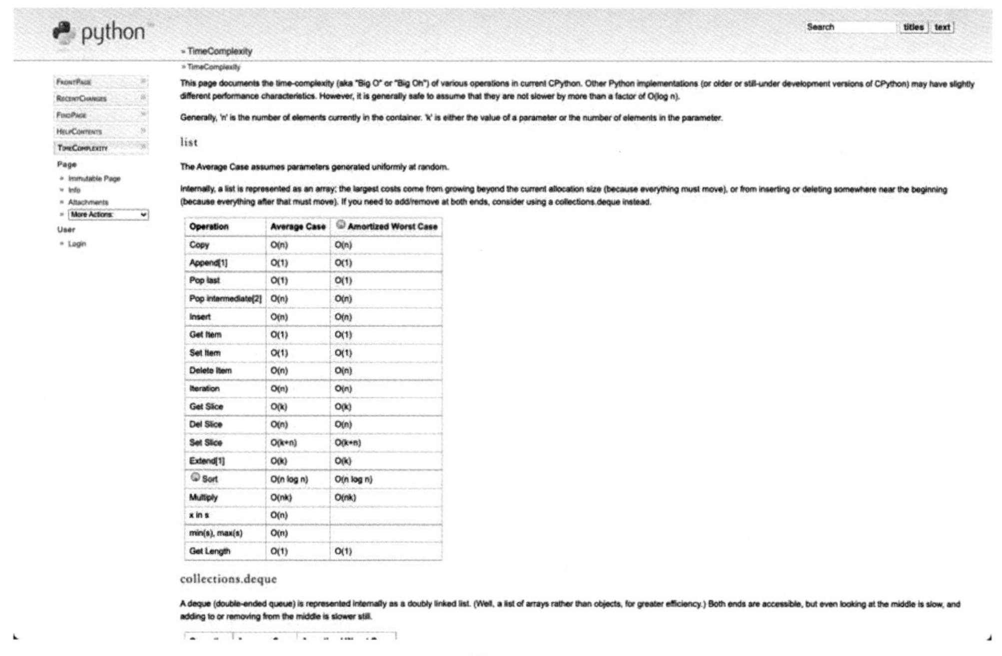

python

» TimeComplexity

This page documents the time-complexity (aka "Big O" or "Big Oh") of various operations in current CPython. Other Python implementations (or older or still-under development versions of CPython) may have slightly different performance characteristics. However, it is generally safe to assume that they are not slower by more than a factor of O(log n).

Generally, 'n' is the number of elements currently in the container. 'k' is either the value of a parameter or the number of elements in the parameter.

list

The Average Case assumes parameters generated uniformly at random.

Internally, a list is represented as an array; the largest costs come from growing beyond the current allocation size (because everything must move), or from inserting or deleting somewhere near the beginning (because everything after that must move). If you need to add/remove at both ends, consider using a collections.deque instead.

Operation	Average Case	Amortized Worst Case
Copy	O(n)	O(n)
Append[1]	O(1)	O(1)
Pop last	O(1)	O(1)
Pop intermediate[2]	O(n)	O(n)
Insert	O(n)	O(n)
Get Item	O(1)	O(1)
Set Item	O(1)	O(1)
Delete Item	O(n)	O(n)
Iteration	O(n)	O(n)
Get Slice	O(k)	O(k)
Del Slice	O(n)	O(n)
Set Slice	O(k+n)	O(k+n)
Extend[1]	O(k)	O(k)
Sort	O(n log n)	O(n log n)
Multiply	O(nk)	O(nk)
x in s	O(n)	
min(s), max(s)	O(n)	
Get Length	O(1)	O(1)

collections.deque

A deque (double-ended queue) is represented internally as a doubly linked list. (Well, a list of arrays rather than objects, for greater efficiency.) Both ends are accessible, but even looking at the middle is slow, and adding to or removing from the middle is slower still.

图 26-8

程序优化永无止境，往往区分开发者的水平高低，不是看是否能实现需求，而是在实现需求的情况下，谁的效率更高。当一个程序有上万人使用时，0.1s 的区别往往会带来巨大的使用延时，高手过招往往在分寸之间决出胜负。

视频讲解

第 27 课　名字生成器

> 元祖。　　> 随机匹配。

通过编程实现姓氏和名字随机组合的名字生成器。

既然需要把姓氏和名字随机组合在一起，那么就需要先定义两张表分别存放“名字”和“姓氏”。考虑到创建表的稳定性，我们不希望定义好的内容被随意修改，可以采用元组代替列表。元组与列表类似，不同之处在于元组的元素是不能够被随意修改的。

如果我们创建两张表，分别存放 20 个姓氏和 20 个名字，就可以生成 20×20 共计 400 种随机组合的名字。由于元组并不需要动态更新内容，所以直接放到代码中也是可以的：

```
first = ('张','赵','李',…)
```

哪怕每张表各存储 1000 个数据，两张表加起来也不到 1KB，并不会占用太多的内存。当程序运行后，会根据这两个元组中的内容匹配姓氏和名字，生成一个新的姓名组合。用户可以重复这个过程，直到产生满意的名字为止。

如果想通过颜色来突出显示结果，使它与命令提示信息有明显的不同，该如何操作呢？ IDLE 提供的可用字体选项并不多。学到现在，相信读者都遇到过错误信息会被标红的情况，如图 27-1 所示。

```
a = ("a","b","c")
a.pop()
Traceback (most recent call last):
  File "<pyshell#2>", line 1, in <module>
    a.pop()
AttributeError: 'tuple' object has no attribute 'pop'
```

彩色图片

图 27-1

图 27-1 中红色部分的内容告诉我们出错的原因，一目了然，非常醒目。如果需要重点显示内容，可以模仿这种效果。在解释器窗口中，默认的标准输出函数是 print()，但是当加载 sys 模块后，可以使用 file 参数将输出重定向到错误信息输出通道，使输出的文字颜色为红色，实现代码：

```
print(内容, file=sys.stderr)
```

可以利用这个方法将生成结果突出显示。上面分析过了，因为数据量不大，所以可直接将姓氏和名字分别存到两个元组中，第一个元组名为 first 用来存储姓氏，第二个元组名为 second 用来存储名字，代码见图 27-2 中第 6 行和第 9 行。

当然“姓氏”和“名字”两个元组的值，读者可以按自己的喜好在定义的时候进行修改。由于数据不多，就直接写在代码里了。当数据量很大、有成百上千条时，为了不影响代码阅读，就需要将数据保存在脚本外，通过代码来进行读取。

接下来通过 random 模块中的 choice 函数从两个元组中随机挑选数据，代码见图 27-2 中第 13 行和第 14 行。

通常程序会反复执行多次，才能有我们中意的名字，所以这里将程序的设定修改为启动后按 Enter 键就自动生成一个名字，重复按 Enter 键就会一直出现新的结果，直到按下 q 键才退出程序。

上述描述可以通过 while 循环来实现，代码如图 27-2 所示。

```
1   import sys
2   import random
3
4   def myGame():
5       print("欢迎来到鱼C名字生成器\n")
6       first = ('郝','沈','贾','史','钟','毕','张',\
7           '夏','梅','甄','尚','祝','司马','莫','宋','刘',\
8               '上官','欧阳','袁','钱')
9       second=('福气','良新','英俊','好运','意妮','大白',\
10          '加锁','华贵','中陆','美丽','三连','珍香','才艺',\
11              '友倩','顺利','帝钰','伟大','琦葩','聪明','天糖')
12      while True:
13          first_name = random.choice(first)
14          second_name = random.choice(second)
15          print(f"{first_name}{second_name}", file=sys.stderr)
16          try_again = input("\n\n再来?(按Enter键继续,按q键退出)")
17          if try_again.lower() == "q":
18              break
```

图 27-2

通过 input 语句来提示并获取用户的输入，如果用户需要挑选一个新的“名字”，只需要持续按下 Enter 键即可，程序就会重复生成名字的这个过程。如果用户挑到喜欢的名字了，只需要按下 q 键，程序便结束退出，代码见图 27-2 中第 16 ～ 18 行。

运行代码结果如图 27-3 所示。

```
欢迎来到鱼C名字生成器

甄大白


再来?(按Enter键继续，按q键退出)
梅好运


再来?(按Enter键继续，按q键退出)
沈中陆
```

图 27-3

通过 while 循环可以实现很多文字判断类游戏，例如可以实现一个猜数字游戏，由用户输入一个数字，将该数与计算机随机生成的数字进行比较，并提示“大了”或者“小了”，直到用户猜中答案才结束游戏。

第 28 课　制作发牌器

> 算法与程序设计。　> 不重复的随机数。　> 随机匹配。

通过编程实现一个程序，要求将一副扑克牌除去“大小王”之后，再把剩余的牌打乱，最后平均分派给 4 个人。

众所周知，一副扑克有 54 张牌，如图 28-1 所示。

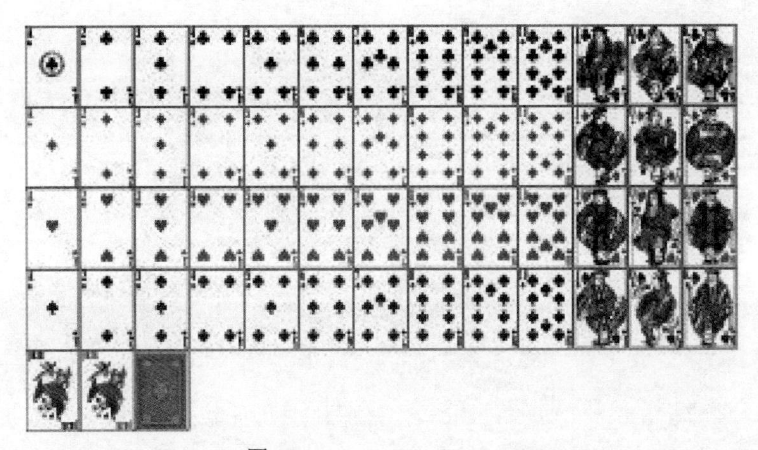

图 28-1

现在假设有 4 个人在玩某种扑克牌游戏，通过程序去掉两张大小王牌，剩余的 52 张牌打乱并分派给 4 个人，每个人应该都能拿到 13 张随机的牌。

人工手动发牌时，一般都会先进行洗牌，然后将洗好的牌按一定顺序派发给每个人。为了方便计算机模拟，需要将人工发牌的过程稍微进行修改。

既然是通过计算机模拟发牌，需要先建立一个对应关系，比如按照“黑桃♠红桃♥梅花♣方块◆”的顺序，从2到A按照一定的顺序分别为这些牌进行编号（即牌值），如表28-1所示。

表28-1 牌面索引

花色	牌值												
	2	3	4	5	6	7	8	9	10	J	Q	K	A
黑桃♠	0	1	2	3	4	5	6	7	8	9	10	11	12
红桃♥	13	14	15	16	17	18	19	20	21	22	23	24	25
梅花♣	26	27	28	29	30	31	32	33	34	35	36	37	38
方块◆	39	40	41	42	43	44	45	46	47	48	49	50	51

扑克中的每一张牌都可以在表28-1中找到对应的数字。如果生成45，通过查表可以知道是代表方块8。但是怎么让计算机知道45是什么呢？注意观察，四种花色区间有什么特点呢？没错，黑桃小于13，红桃大于或等于13但是小于25，也就是说13以内全是黑桃，13到25以全是红桃，以此类推。

根据我们发现的这个规律，就可以进行更深层次的算法加工了，从而让计算机可以识别花色。通过取整运算（//）对13进行取整，会得到0、1、2、3这4个值。例如45，由于45 // 13结果为3，那么对应的花色就是方块。

这样的话花色问题就解决了，接下来是如何得到具体的点数呢？

可以先创建一个代表牌点数的列表：

```
n = ['2', '3', '4', '5', '6', '7', '8', '9', '10', 'J', 'Q',
'K', 'A']
```

列表中的元素依次对应牌面的13个点数，对于列表，可以利用索引来查找4种花色上相应的点数。这4种花色都遵循相同的规律，是什么规律呢？相同的点数余数也一样。请重新观察表28-1。第一列，点数为2对应的数字为0、13、26、39，它们有什么共同特征？没错，都能被13整除，也就是它们除以13的余数都为0。第二列点数为 3 对应的数字为 1、14、27、40，它们有什么共同特征？分别是 13 的 0 倍 +1、1 倍 +1、2 倍 +1、3 倍 +1，也就是它们去除以 13 的话余数都为 1。再看第三列，点数为 4 对应的数字为 2、15、28、41，它们去除以 13 的话余数都为 2……后面的数字以此类推，它们的余数分别为 0、1、2、…、12，那么这些数字与表 28-1 里的点数又是什么关系呢？

这些数字刚好就对应代表牌点数的列表 n 中每一项值的索引。

由此可以直接通过对 13 这个数进行求余运算，从而找出相应的点数。比如拿到 45 这个数，先 45 // 13 = 3 判断这张牌的花色是方块，接着再计算 45 % 13 = 6，得出对应的索引值是 6，对应牌点数列表中就是 n[6]，因为列表 n 的索引起始值从 0 开始，所以 n[6] 对应的值为 8，那么计算机就确定了 45 这个数对应的牌就是“方块 8”。

算法分析有了，接下来就是将其转换为相应的代码。首先，发牌这个操作可以转换成：将含有 0 ～ 51 这 52 个数的列表平均分成 4 个子列表的过程。0 到 51 共计 52 个数，就是生成一个随机数的过程，只不过随机数不能重复。还记得之前使用过的 random 模块吗？这次还是通过它来生成 52 个随机数，以实现类似洗牌的效果。先创建一个存放上面表格对应顺序的总列表，代码见图 28-2 中第 28 行。

```
25  if __name__ == "__main__":
26      n = ['2', '3', '4', '5', '6', \
27          '7', '8', '9', '10', 'J', 'Q', 'K', 'A']
28      a = [0] * 52
29      card1 = [0] * 13
30      card2 = [0] * 13
31      card3 = [0] * 13
32      card4 = [0] * 13
33      c1, c2, c3, c4, t = 0, 0, 0, 0, 0
```

图 28-2

既然是要派发给 4 个人，也就需要分成 4 个列表来存放，平均分配的话，每个人都是 13 张牌，代码见图 28-2 中第 29 ～ 32 行。

我们生成的这 52 个随机数和牌值也是需要一一对应的，4 个列表就需要 4 个索引，那么创建一个变量 t 用来控制总的发牌数，代码见图 28-2 中第 33 行。

刚才介绍了通过 random 模块来产生 0 ～ 51 的随机数，代码见图 28-3 中第 34 和 35 行。

```
33    c1, c2, c3, c4, t = 0, 0, 0, 0, 0
34    while (t <= 51):
35        m = random.randint(0, 52)
36        flag, i = True, 0
37        while i <= t and flag:
38            if m == a[i]:
39                flag = 0
40            i += 1
```

图 28-3

既然是随机数肯定是随机产生的，牌的点数虽然可以重复，但是同色不可能有两张。也就是说，上面对应关系的 52 个数都应该是唯一不重复的。所以，这里就要手动增加一个“去重”的操作：

- flag = 1 表示产生的是新的随机数。
- flag = 0 表示新产生的随机数已经存在。

这种“去重”的方法，前面也多次使用过了，代码见图 28-3 中第 36 ～ 40 行。

如果产生新的随机数，那将它存入数组，代码见图 28-4 中第 41 ～ 43 行。

```
40              i += 1
41          if flag:
42              a[t] = m
43              t += 1
44              if t % 4 == 0:
45                  card1[c1] = a[t - 1]
46                  c1 += 1
47              elif t % 4 == 1:
48                  card2[c2] = a[t - 1]
49                  c2 += 1
50              elif t % 4 == 2:
51                  card3[c3] = a[t - 1]
52                  c3 += 1
53              elif t % 4 == 3:
54                  card4[c4] = a[t - 1]
55                  c4 += 1
```

图 28-4

接下来就要将牌分配到不同的花色中，一共 4 种花色，使用求余数操作（%）进行分配—计算 t 的余数，判断当前的牌应存入哪一个数组中，代码见图 28-4 中第 44 ～ 55 行。

到这一步 4 个子列表就分好了，可以先打印看一下结果：

```
print(card1)
print(card2)
print(card3)
print(card4)
```

结果如图 28-5 所示。

```
[4, 45, 52, 16, 30, 39, 2, 48, 44, 15, 12, 47, 11]
[29, 32, 19, 25, 21, 33, 49, 50, 37, 20, 38, 3, 34]
[40, 5, 36, 31, 22, 23, 13, 24, 9, 41, 29, 10, 1]
[26, 28, 46, 27, 43, 51, 17, 7, 35, 18, 8, 14, 42]
```

图 28-5

大家观察一下这 4 个列表，有发现什么问题吗？我们的数组是 0 ～ 51, 0 去哪里了呢？ 52 又是从哪里冒出来的呢？到底哪里出问题了呢？看看刚刚的代码：

```
if m == a[i]:
```

我们原本是要判断是否随机有重复，所以初始化的 a 中全是 0，我们的随机数里面是包含 0 这个数的，那么 m 第一次有没有可能随机生成 0 呢？

有！所以，a 的初始化值不能给到 0 ～ 51 范围内的数，程序会误认为已经出现过了，所以给它换成我们不需要的其他数，例如随机选择数字为 52，将图 28-2 中第 28 行改成：

```
a = [52] * 52
```

再次运行代码打印看一下结果，如图 28-6 所示。

```
[5, 16, 12, 41, 10, 1, 47, 32, 26, 19, 51, 18, 25]
[39, 42, 14, 11, 44, 33, 37, 2, 34, 24, 3, 22, 36]
[4, 48, 9, 50, 45, 35, 20, 8, 49, 29, 43, 27, 21]
[28, 46, 13, 38, 6, 40, 31, 30, 7, 17, 15, 0, 23]
```

图 28-6

没错，4 个列表各有 13 个数并且不会产生重复了。接下来只需要将它们转换成对应的牌即可。总共 4 种花色，52 张牌，由于花色符号不一样，就需要进行区分。按照前面分析的规律，先取整判断花色：

```
card1 // 13 == 0
```

余数 0、1、2、3 对应 4 种花色，然后通过“取余”将值转换回对应牌值，将这个操作封装到函数 finalPrint(card,n) 中，card 表示每个人拿到的牌，n 表示点数，card[i] 表示花色，n[card[i]] 表示实际到手的牌，代码如图 28-7 所示。

```
1   import random
2
3   def finalPrint(card, n):
4       print("\n♠ ", end='')
5       for i in range(13):
6           if card[i] // 13 == 0:
7               print(n[card[i] % 13], end=' ')
8
9       print("\n♥ ", end='')
10      for i in range(13):
11          if card[i] // 13 == 1:
12              print(n[card[i] % 13], end=' ')
13
14      print("\n♣ ", end='')
15      for i in range(13):
16          if card[i] // 13 == 2:
17              print(n[card[i] % 13], end=' ')
18
19      print("\n♦ ", end='')
20      for i in range(13):
21          if card[i] // 13 == 3:
22              print(n[card[i] % 13], end=' ')
23      print()
```

图 28-7

打印结果如图 28-8 所示。

```
♠ 7 A Q 3
♥ 5 8 7 A
♣ 8 2
♦ 4 10 A

♠ K 4 5
♥ 3 K J
♣ 9 K 10 Q
♦ 2 5 7

♠ 6 J 10
♥ 9 10
♣ J 5 3
♦ J K 8 Q 6

♠ 8 9 2
♥ 2 6 4 Q
♣ 4 A 7 6
♦ 9 3
```

图 28-8

多测试几次，发现结果均是随机的，符合发牌的要求。

作为一名负责任的开发者，要充分为用户考虑。现在分牌得到的这些牌的排列顺序是乱的，可不可以顺便给它们排个序呢？当然是可以的，在打印前对 4 个 card 进行排序，代码如图 28-9 所示。

```
55                      c4 += 1
56
57          card1 = sorted(card1)
58          card2 = sorted(card2)
59          card3 = sorted(card3)
60          card4 = sorted(card4)
61
62          finalPrint(card1, n)
63          finalPrint(card2, n)
64          finalPrint(card3, n)
65          finalPrint(card4, n)
```

图 28-9

最终结果如图 28-10 所示。

```
♠ 5 Q
♥ 3 5 7 8 J Q
♣ 2 5 9 K
♦ 9

♠ 3 K
♥ 4 9
♣ 6 7 10 Q
♦ 5 7 J Q A

♠ 6 A
♥ 6 10 A
♣ 3 4 J
♦ 2 3 4 8 K

♠ 2 4 7 8 9 10 J
♥ 2 K
♣ 8 A
♦ 6 10
```

图 28-10

这样的结果更符合现实中的发牌游戏结果。

动手梳理代码实现图 28-10 的输出效果。

第 29 课　打造专属字符画

> 灰度和 RGB 值。　　> PIL。　　> 色彩转换。

通过编程使用字符序列“#！ @O0CF？ >3-”来绘制一幅字符画。

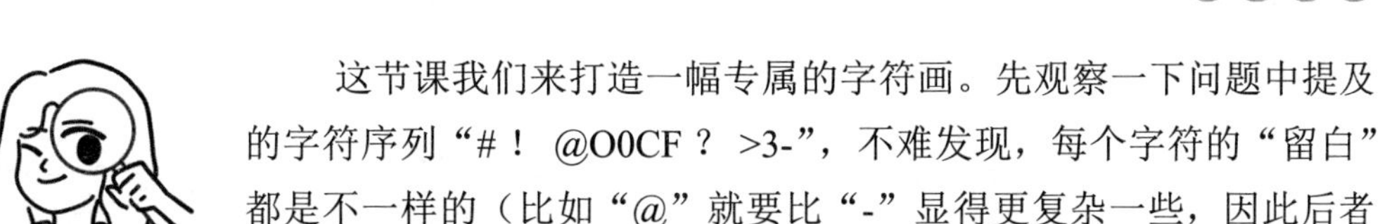

这节课我们来打造一幅专属的字符画。先观察一下问题中提及的字符序列“#！ @O0CF？ >3-”，不难发现，每个字符的“留白”都是不一样的（比如“@”就要比“-”显得更复杂一些，因此后者的留白就比前者要多一些）。我们可以利用这一点来实现字符画的明暗效果（留白多的表示明度高的像素，留白少的表示暗度高的像素）。开始编写代码之前，需要先来介绍两个概念：RGB 颜色模式和灰度值。

RGB 色彩模式是工业界的一种颜色标准，通过对红（R）、绿（G）、蓝（B）三个颜色通道的变化以及它们相互之间的叠加来得到各种各样的颜色。RGB 即代表红、绿、蓝三个通道的颜色，这个标准几乎包括了人类视力所能感知的所有颜色，是目前运用最广的颜色系统之一。

灰度值指的是黑白图像中点的颜色深度，范围为 0 ～ 255，白色为 255，黑色为 0，所以黑白图片也称为灰度图像。

RGB 色彩模式通过红、绿、蓝三种颜色按比例混合后，可以显示出各种颜色，感兴趣的读者可以通过我们提供的一个“调色器”网页自行体验效果 (https://man.ilovefishc.com/color/colorChange.html)，如图 29-1 所示。

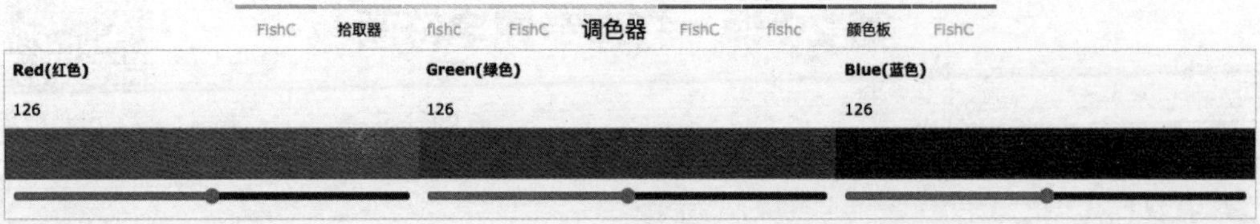

FishC 拾取器 fishc FishC 调色器 FishC fishc 颜色板 FishC

Red(红色) 126　Green(绿色) 126　Blue(蓝色) 126

图 29-1

通常可以使用以下公式将 RGB 颜色模式转换成灰度值：

```
gray = 0.2126×r + 0.7152×g + 0.0722×b
```

除了这种方式，还可以使用 pillow 图像库将传入的图像转换为灰度图像。pillow 是第三方模块，需要读者通过下面命令在终端自行安装后才可以使用：

```
pip3 install pillow
```

接下来要根据各个像素点的灰度值来生成字符数据，并保存到本地的文本文件中。先来导入 pillow 库的 Image 模块，注意在 Python 3 中这个库的名字用 Python Imaging Library 的缩写 PIL：

```
from PIL import image
```

接着创建主程序 myPaint()，然后从程序中打开准备好的图片或者采用读者的自拍照，这里用小乌龟来演示。FishC.jpg 如图 29-2 所示。

图 29-2

通过 Image.open() 加载图片：

```
def myPaint():
img = Image.open('FishC.jpg')
```

Image.open() 方法用来打开指定路径的图像文件。由于将图片直接和脚本放在同个文件中，所以就不需要写出完整路径。如果图片放在硬盘中的其他位置，就要写出完整路径，例如放在 E 盘中的 Images 文件夹中，路径就是：

```
img = Image.open('E:\\Images\\FishC.jpg')
```

如果不想写“\\”，也可以这么写：

```
img = Image.open(r'E:\Images\FishC.jpg')
```

接下来通过代码将图片尺寸调整为 50×48：

```
width, height = 50, 48
img = img.resize(width,height)
```

生成的字符画最后要在文本中显示，每一行字符的行间距以及字符本身的大小不同，所以效果就不同。resize() 方法通过指定宽度和高度参数重新调整图像大小，这里要注意，该方法需传入元组类型的参数。现在就可以将图像转为灰度：

```
img = img.convert('L')
```

convert() 方法通过指定颜色模式参数 'L'，将图像设置为灰度模式。'L' 表示灰度图像，'RGB' 表示彩色图像，'CMYK' 表示出版图像。由于 Image 对象的 open()、resize()、convert() 方法返回相同类型的对象，就可以用“链式写法”将它们写成一行代码的形式，如图 29-3 所示。

```
1  from PIL import Image
2
3  def myPaint():
4      width, height = 50, 48
5      img = Image.open('FishC.jpg')\
6          .resize((width, height)).convert('L')
```

图 29-3

接下来的重点是根据灰度图像各个像素的灰度值来生成字符画。首先需要获得各个像素的灰度值，需要从左到右、从上到下全方位读取，然后将灰度值转为不同复杂度的字符。按照这个方案，获取的过程就需要嵌套循环来实现，代码如图 29-4 所示。

```
 6              .resize((width, height)).convert('L')
 7
 8      text = ''
 9      for y in range(height):
10          for x in range(width):
11              text += getchar(img.getpixel((x, y)))
12          text += '\n'
13
14      final = open('myPaint.txt', 'w')
15      final.write(text)
16      final.close()
```

图 29-4

图 29-4 中第 11 行中 getpixel() 通过指定 x 坐标和 y 坐标来读取图像中某个像素的颜色值。前面已经将彩色图像转换为灰度图像，因此这里返回的是图像的灰度值。代码中 getchar() 用于把一个灰度值转为一个字符，方便进行判断。判断部分稍后再来实现。现在假设已经完成了，那么 text 中存放的就是根据灰度值转换得到的字符。可以将结果存入本地文件中，代码见图 29-4 中第 14 ～ 16 行。

图 29-4 中，第 14 行的 open() 函数根据指定的文件名创建一个可写的文本文件，并返回一个文件对象；第 15 行的 write() 函数用于将指定的字符串变量中的内容写入文本文件中；第 16 行使用 close() 函数将文本文件关闭。

接下来定义 getchar() 函数实现将灰度值小于 128 的部分用“¥”符号代替，灰度值大于 128 部分用空格表示，代码如图 29- 所示。

```
16      final.close()
17
18  def getchar(gray):
19      return '¥' if gray < 128 else ' '
```

图 29-5

运行代码，结果如图 29-6 所示。

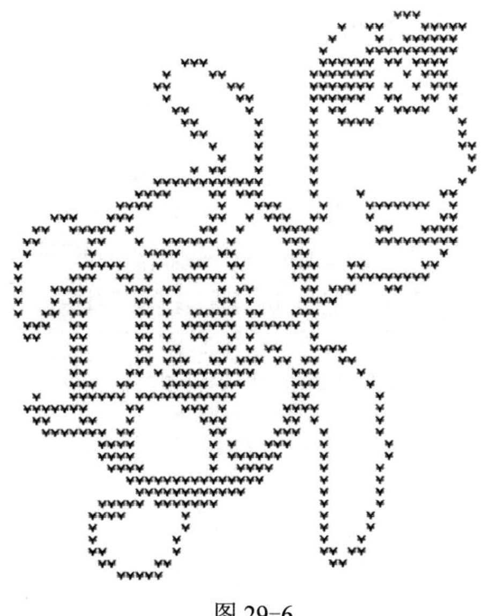

图 29-6

程序写好了，以后遇到任何图像都可以参照本节课的代码转换成字符画的样式了。不同字符之间的笔画复杂度不同，导致“留白”的视觉效果不一致，再来看一下这个字符序列“M-NH$OC>?3:;”，可以看出它们也具有不同的明暗区别。基于这一点，可以继续将256个灰度值与这些字符建立关系，再次优化代码，如图29-7所示。

```
16      final.close()
17
18  sciiNice = list('M-NH$OC>?3:;')
19  ef getchar(gray):
20      unit = 256 / len(asciiNice)
21      return asciiNice[int(gray//unit)]
```

图 29-7

运行代码，效果如图29-8所示。

图 29-8

视觉上看图 29-8 会觉得被拉长了，这是因为不同字符的宽度与高度通常都是不一样的，可以在调整图片比例的时候，给它的高度再减少一些：

```
# 获取原图高度
width, height = Image.open('FishC.jpg').
convert('L').size
# 增加缩放系数
img = Image.open('FishC.jpg').convert('L').resize
((int(width*0.5),int(height*0.25)))
```

基于显示结果为图 29-8 的代码进行修改，实现高度减少。

第 30 课　必赢的游戏

> 迭代应用。　　> 算法设计。

假设有 21 张牌，用户和计算机每次只能从中取出 1 ～ 4 张牌，不能多拿也不能不拿，谁拿到最后一张牌，谁就算输了。编写对战程序，让计算机每次都能获胜。

之前看过“宣传反诈知识”节目，其中有一个环节是揭秘外面那些各种“街头赢钱小游戏”的猫腻，万变不离其宗，设局人的最终目的就是骗钱，所以不管路人怎么玩，都玩不过做局的人。不信吗？那这节课就让大家见识一下什么叫“庄家”必赢的游戏。

这次我们自己来创建游戏，编写一个让计算机“稳赢”的程序（需要让计算机“坐庄”）。假设有 21 张牌，用户和计算机每次只能从中取出 1 ～ 4 张牌，不能多拿也不能不拿，谁拿到最后一张牌，谁就输了。现在编写一段人机对战小游戏，来实现“用户先拿，计算机后拿，最终让计算机稳赢”。

既然最终胜利者是计算机，就意味着需要让用户拿到最后一张牌。按照上面的逻辑反向推理，用户拿走最后一张牌的上一步操作，是需要让计算机拿完后只剩下一张牌给用户，才能保证计算机稳赢，其他的情况都不行。

根据上面的分析，现在问题就转变成“剩余 20 张牌，用户和计算机每次只能从中取出 1 ～ 4 张牌，不能多拿也不能不拿，用户先取，计算机后取，谁取到最后一张牌谁就赢了”。为了计算机能够取到最后一张牌，就要保证最后一轮拿之前剩下 5 张牌（双方各取一次牌算是一轮），因为只有这样才能保证无论用户如何拿牌，计算机都能将其余的牌全部拿走。

进一步分析之后，问题又转换为“剩余 15 张牌，用户和计算机每次只能从中取出 1 ～ 4 张牌，不能多拿也不能不拿，用户先取，计算机后取，保证计算机拿到最后一张牌”。同样的道理，为了让计算机拿到最后一张牌，就要保证最后一轮拿牌之前剩下 5 张牌。

于是，问题又转化为 10 张牌的问题，以此类推。

21 张牌，在用户先拿计算机后拿，每次取出 1 ～ 4 张牌的这个大前提下，只要保证每一轮抽取的时候，抽到的牌数与计算机抽到的牌数之和为 5，就可以实现计算机稳赢的局面。

既然是游戏，一些用来表示游戏进度的提示文字必不可少，代码如图 30-1 所示。

```
1  if __name__ == "__main__":
2      card = 21
3      print("===你休想战胜我，\
4           我是无敌计算机！不信就试试阿===")
5      print("好戏开始了！")
```

图 30-1

提示信息设计好，继续设计函数主体，因为游戏需要一直执行，while 循环必不可少。每一轮都需要判断当前还有多少张牌，因为题目有要求每次只能取出 1 ～ 4 张牌，所以要判断 human 是否符合要求，不符合就提示违规，然后继续。接着就要统计剩余牌数，代码如图 30-2 所示。

```
5      print("好戏开始了！")
6      while True:
7          print(f"---此时还有{card}张牌---")
8          human = int(input("人要取几张牌:"))
9          if human < 1 or \
10             human > 4 :
11             print(f"违规咯！不能取{human}张！！")
12             continue
13         card = card - human
```

图 30-2

如果此时 card 为 0，就说明用户拿走了最后一张牌，那么计算机赢了，游戏结束，代码见图 30-3 中第 14 ～ 16 行。

```
13         card = card - human
14         if card == 0:
15             print("计算机赢咯，游戏结束")
16             break
17         computer = 5 - human
18         card = card - computer
19         print(f"计算机取{computer}张牌")
20         if card == 0:
21             print("人永远不可能获胜,这句无法执行！")
22             break
```

图 30-3

如果不为 0，就说明游戏继续，该计算机拿牌了，计算机只要拿 5-human 张牌即可，代码见图 30-3 中第 17 ～ 19 行。

此时如果 card 为 0，就说明用户赢了（虽然这种情况根本不可能发生），我们也先写上，代码见图 30-3 中第 20 ～ 22 行。

运行代码，结果如图 30-4 所示。

```
===你休想战胜我，我是无敌计算机！不信就试试阿===
好戏开始了！
---此时还有21张牌---
人要取几张牌:3
计算机取2张牌
---此时还有16张牌---
人要取几张牌:5
违规咯！不能取5张！！
---此时还有16张牌---
人要取几张牌:4
计算机取1张牌
---此时还有11张牌---
人要取几张牌:4
计算机取1张牌
---此时还有6张牌---
人要取几张牌:1
计算机取4张牌
---此时还有1张牌---
人要取几张牌:4
计算机取1张牌
---此时还有-4张牌---
人要取几张牌:
```

图 30-4

前面都没问题，为何在图 30-4 箭头所指处出现了“-4 ”？

这是因为在还剩 1 张牌时，用户取了 4 张，虽然符合大于或等于 1 并且小于或等于 4，但是用户取的牌数也不能超过此时剩余的 card 数量。需要修改图 30-2 中第 9 行的 if 判断为：

```
if human < 1 or human > 4 or human > card:
```

再次运行代码，结果如图 30-5 所示。

```
===你休想战胜我，我是无敌计算机！不信就试试阿===
好戏开始了！
---此时还有21张牌---
人要取几张牌:2
计算机取3张牌
---此时还有16张牌---
人要取几张牌:11
违规咯！不能取11张！！
---此时还有16张牌---
人要取几张牌:2
计算机取3张牌
---此时还有11张牌---
人要取几张牌:4
计算机取1张牌
---此时还有6张牌---
人要取几张牌:2
计算机取3张牌
---此时还有1张牌---
人要取几张牌:1
计算机赢咯，游戏结束
```

图 30-5

测试几次后结果都很满意，说明代码没问题了。

自己动手修改代码实现图 30-5 所示的效果。

视频讲解

第 31 课　比比谁的点数大

> time 模块。　　> randInt()。

编写一个扔骰子游戏，由用户指定游戏的局数，让计算机 A 和 B 互相博弈。每一局比赛都采用“累加求和”来比大小。

通常骰子是一种正方体，具有 6 个面，每个面上都印有不同的数字（即 1、2、3、4、5、6），如图 31-1 所示。

图 31-1

本节课将为计算机找一个新的游戏。我们可以指定游戏的局数，让计算机 A 和 B 互相摇骰子来比赛。每轮比赛将 A 和 B 摇出的点数相加，最后点数多者获胜，如果点数相同则视为平局。

在这个游戏中，需要用到随机数生成器来模拟掷骰子的点数，可以通过 Python 的 random 模块提供的 random.randint() 函数来实现。每次调用该函数，就可以生成 1 ～ 6 内的一个随机整数，来模拟掷骰子的点数。

为了记录每个人投掷点数的累加和，定义了两个变量 a1 和 b1。同时，为了记录

A 和 B 各自获胜的总盘数，还定义了两个变量 a 和 b 记录得分，每一盘 A 获胜，a 加 1，B 获胜 b 加 1，打平则不计入得分。

为了增加一些悬念，引入了一个好玩的模块——time。在显示最终结果前让程序暂停 3s，然后再显示结果。这可以通过 time 模块提供的 time.sleep() 函数来实现。

我们还提升了游戏难度，要求用户输入游戏次数，并且不能少于 99 局。如果用户输入不符合要求，程序会重复提示，直到输入正确为止，代码如图 31-2 所示。

```
1   import random
2   import time
3
4   if __name__ == "__main__":
5       print("===比大小游戏开始咯,\
6           请输入计算机A和B的比赛局数,\
7               最少99局===")
8       round = int(input("局数: "))
9       while round < 99:
10          print("游戏局数必须大等于99局哦")
11          round = int(input("局数: "))
```

图 31-2

接下来是程序核心部分，生成随机点数并进行结果统计。由于最终比拼的是各自总点数之和的大小，所以每局比赛结束后，需要统计 A 和 B 各自点数之和。如果本局内 a1 大于 b1 则表示 A 获胜，反之则 B 获胜。代码如图 31-3 所示。

```
11            round = int(input("局数: "))
12        a, b = 0, 0
13        print(f"A和B共进行{round}局比赛")
14        for i in range(1, round):
15            a1, b1 = 0, 0
16            for j in range(1, 7):
17                a1 = a1 + random.randint(1, 6)
18                b1 = b1 + random.randint(1, 6)
19            if a1 > b1:
20                a += 1
21            else:
22                b += 1
```

图 31-3

最后通过 a 和 b 的值可以看出是谁获胜了：a 大于 b 说明 A 获胜，反之则 b 获胜，代码如图 31-4 所示。

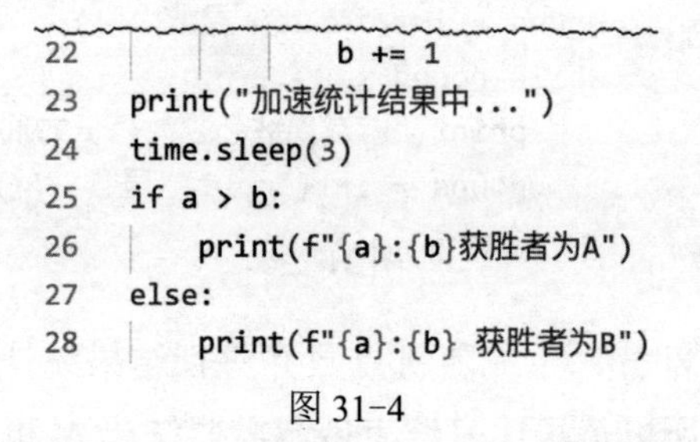

```
22                b += 1
23    print("加速统计结果中...")
24    time.sleep(3)
25    if a > b:
26        print(f"{a}:{b}获胜者为A")
27    else:
28        print(f"{a}:{b} 获胜者为B")
```

图 31-4

运行代码，结果如图 31-5 所示。

```
===比大小游戏开始咯，请输入计算机A和B的比赛局数，最少99局===
局数: 100
A和B共进行100局比赛
加速统计结果中...
38:61获胜者为B
```

图 31-5

结果看起来好像没问题，但是我们忽略了一种情况—平局。a 和 b 的值相同，也就说明 A 和 B 两者最终胜负数是一样的。如果出现这种情况，按照现有程序都是属于 else 的执行范畴，最终会误判 B 获胜。作为一名优秀的程序员，写程序一定要全面考虑各种情况，不能只局限于题目所说的。修改图 31-3 中第 21 行 else 中的代码和图 31-4 中第 27 行 else 中的代码，修改后如图 31-6 和图 31-7 所示。

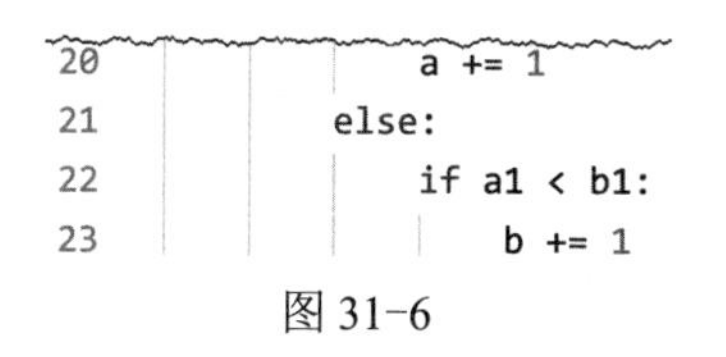

```
20                  a += 1
21              else:
22                  if a1 < b1:
23                      b += 1
```

图 31-6

```
27      print(f"{a}:{b}获胜者为A")
28  else:
29      if a < b:
30          print(f"{a}:{b}获胜者为B")
31      else:
32          print("A和B平局")
```

图 31-7

再次运行代码，结果如图 31-8 所示。

```
===比大小游戏开始咯，请输入计算机A和B的比赛局数，最少99局===
局数：334
A和B共进行334局比赛
加速统计结果中...
147:162获胜者为B
```

图 31-8

图 31-5 和图 31-8 的执行结果虽然相同，但是后者的算法更加完备，因为它考虑了各种可能发生的情况。

博彩类的游戏是基于大脑的奖励系统而设计的。这意味着，当你赢了游戏时，你的大脑会分泌多巴胺，产生愉悦感；而当你输了游戏时，你会感到焦虑和想要扳回来的冲动。这种游戏设计会让人欲罢不能，一玩就停不下来。每一个设计都是为了营造一种沉浸式的体验，让玩游戏的人逐渐沉迷其中，难以自拔。例如赌博游戏机，就像许多违禁药物一样，通过不断重复行为，刺激人脑中的神经回路分泌多巴胺，从而让人上瘾。这种重复行为的频率越快，上瘾的速度也就越快。因此，我们应该远离这些被设计出来的套路，以免上瘾。

实现一个程序，要求每隔 0.5s 输出 1 ～ 99 中的一个随机数字，每输出 3 个数字后会询问是否继续？按 Enter 键继续程序，按 q 键则退出程序，如图 31-9 所示。

```
73
33
86


再来?(按Enter键继续,按q键退出)
53
94
27


再来?(按Enter键继续,按q键退出)
```

图 31-9

第 32 课　买双色球不如自己造

> 双色球玩法和算法分析。
> Try…except…语句。
> 中奖判断。

通过编程实现一个双色球程序，由用户指定要生成的模拟号码组数。

双色球是中国福利彩票的一种玩法，如图 32-1 所示，简单来说就是从 33 个红色球中抽取 6 个，从 16 个蓝色球中抽取 1 个，共同生成一组 7 位数。

图 32-1

不同号码组合对应不同的出现概率。

- 一等奖（6+1）中奖概率：红球 33 选 6 乘以蓝球 16 选 1＝1/17721088＝0.0000056%。
- 二等奖（6+0）中奖概率：红球 33 选 6 乘以蓝 16 选 0＝15/17721088＝0.0000846%。
- 以此类推，概率逐渐变高。

接下来通过编程来实现一个双色球号码生成器，用户可以指定要生成的号码组数。在生成号码时，需要随机生成6个红色球号码和1个蓝色球号码，因此需要使用Python中的random模块来生成随机数。

但是，每期开出的红色球号码不能重复，而随机数生成操作无法保证每次生成的随机数都不相同，因此需要在程序设计时判断每次新生成的红色球号码是否和已生成的红色球号码相同。如果有重复，则需要重新生成新的红色球号码，这就需要用到while循环。

总之，将使用Python的random模块和while循环来生成指定数量的双色球号码组。

上面这些操作就是核心部分，按老规矩，可以将它们封装到一个函数中。这样当用户指定要生成的组数后，只需要按照组数调用函数即可。

```
import random
if __name__ == "__main__":
    print("=== 请输入要生成的彩票组数 ===")
    round = int(input(" 组数 :"))
```

如果有人输入字符串会不会出问题呢？来试一下，结果如图32-2所示。

```
Traceback (most recent call last):
  File "E:\桌面文件\test.py", line 5, in <module>
    round = int(input("组数: "))
ValueError: invalid literal for int() with base 10: 's'
```

图 32-2

抛出异常了，这是因为int中没办法传入字符，既然报错了，那么程序就没法正常运行。

可以通过Python中的异常处理机制来实现程序的“自我保护”。异常就是一个事件，该事件会在程序执行过程中发生，影响了程序的正常执行。一般情况下，在Python无法正常处理程序时就会抛出一个异常。当Python脚本发生异常时，需要捕获并处理它，否则程序将会终止执行。

捕捉异常最常用的是try…except…语句。该语句用来检测try语句块中的错误，从而让 except 语句捕获异常信息并处理，最后还可以结合可选的 else 语句，表示如果代码在执行的过程中没有发生异常时的操作。

```
try:
    异常机制监测的代码段
except:
    如果上面代码段发生异常，在这里执行相关的异常处理操作
else:
    如果上面代码段没有发生异常，则执行这块的代码
```

修改代码如图 32-3 所示。

```
19  if __name__ == "__main__":
20      try:
21          print("===请输入要生成的彩票组数===")
22          round = int(input("组数: "))
23      except:
24          print("===输入有误，你捣乱，\
25              哼！不给你生成了===")
26      else:
27          print(f"正在为鱼油随机生成{round}组彩票")
```

图 32-3

运行代码，如果用于正确地输入数据，就会执行 else 中的代码，结果如图 32-4 所示。

```
===请输入要生成的彩票组数===
组数: 10
正在为鱼油随机生成10组彩票
```

图 32-4

如果用户输入的内容有误，就会使得 Python 抛出异常并触发异常处理，结果如图 32-5 所示。

```
===请输入要生成的彩票组数===
组数: s
===输入有误，你捣乱，哼！不给你生成了===
```

图 32-5

在 Python 中，当使用 int() 函数无法处理的参数时，会触发异常。如果在 try 语句块中出现了这种异常，我们设计的程序就可以拦截并处理。事实上，Python 编译器能够识别至少 46 种异常，这些异常都可以被编译器检测到并提示给程序员，如图 32-6 所示。

异常名称	定义
BaseException	所有异常的基类
SystemExit	解释器请求退出
KeyboardInterrupt	用户中断执行(通常是输入^C)
Exception	常规错误的基类
StopIteration	迭代器没有更多的值
GeneratorExit	生成器(generator)发生异常来通知退出
StandardError	所有的内建标准异常的基类
ArithmeticError	所有数值计算错误的基类
FloatingPointError	浮点计算错误
OverflowError	数值运算超出最大限制
ZeroDivisionError	除(或取模)零 (所有数据类型)
AssertionError	断言语句失败
AttributeError	对象没有这个属性
EOFError	没有内建输入,到达EOF 标记
EnvironmentError	操作系统错误的基类
IOError	输入/输出操作失败

图 32-6

想更深入理解异常操作，可以看看小甲鱼老师“零基础入门学习 Python（最新版）”视频第 57 集和第 58 集中关于“异常”的详细讲解。

为实现程序的核心功能，需要创建一个名为 createBall() 的函数。该函数的第一步是生成蓝色球，即在 1 ～ 16 中随机生成一个值，见图 32-7 代码第 3 行和第 4 行。

```
1   import random
2
3   def createBall():
4       blue = random.randint(1, 16)
5       realRed = [0] * 6
6       i = 0
7       while i < 6:
8           red = random.randint(1, 33)
9           j = 0
10          while j < i:
11              if realRed[j] == red:
12                  break
13              j += 1
14          if j == i:
15              realRed[j] = red
16              i += 1
17      print(f"红色球：{realRed} 蓝色球：{blue}")
```

图 32-7

接下来为了生成红色球号码，需要使用循环。首先创建一个循环变量，用于计算生成次数，初始值为0，最大值为6，因为一共有6个红色球号码。红色球的随机范围是1～33，与蓝色球不同，见图32-7代码第7行和第8行。

红球号码是随机生成的，因此有可能出现生成相同数字的情况，这不符合我们的规则要求。那么，需要判断每次新生成的红球号码是否与之前已生成的红球号码不相同。为此，可以创建一个数组realRed来保存生成的数字。如果新生成的红球号码与之前的不同，就将其保存在red数组中，否则就重新生成新的红球号码，见图32-7代码第11～16行。

最后，在函数中输出结果即可。运行代码，结果如图32-8所示。

```
===请输入要生成的彩票组数===
组数：10
正在为鱼油随机生成10组彩票
红色球：[12, 28, 15, 29, 3, 8] 蓝色球：4
红色球：[33, 16, 24, 26, 14, 23] 蓝色球：6
红色球：[12, 30, 29, 2, 31, 13] 蓝色球：12
红色球：[30, 16, 7, 5, 25, 18] 蓝色球：13
红色球：[20, 16, 18, 1, 33, 32] 蓝色球：8
红色球：[3, 13, 27, 33, 25, 31] 蓝色球：5
红色球：[15, 24, 14, 25, 27, 13] 蓝色球：8
红色球：[16, 18, 7, 13, 33, 6] 蓝色球：1
红色球：[8, 6, 7, 20, 32, 1] 蓝色球：12
红色球：[32, 20, 6, 22, 8, 24] 蓝色球：14
```

图 32-8

这样就实现了一个双色球程序了。

已知本期开奖号码“红色球: [9, 28, 31, 12, 8, 27], 蓝色球: 8”。一等奖条件“6+1”，二等奖条件“6+0”，三等奖条件“5+1”，四等奖条件“5+0 或者 4+1”，五等奖条件“4+0 或者 3+1”，六等奖条件“2+1 或者 1+1 或者 0+1”,-1 表示没中奖。前者表示红球中奖数，后者表示篮球中奖数。

现有一注号码“红色球：[25, 12, 28, 8, 22, 23]，蓝色球：8”，通过编程实现判断该号码中了几等奖，补全下面代码中“？？？”所缺失的部分，实现如图 32-9 所示的结果。

```
--本期开奖号码：红色球[9, 28, 31, 12, 8, 27]，蓝色球：8--
--你的号码：红色球：[25, 12, 28, 8, 22, 23]，蓝色球：8--
恭喜你中了5等奖：
```

图 32-9

代码如下：

```
# result 表示开奖号码 buy 购买号码
def judegeResult(result,buy):
    # 红色球预测的数目
```

```
    ？？？ = 0
    # 蓝色球预测的数目
    blue_lucky_count = 0

    # 数据预处理
    red_nums_buy = buy[:5]
    blue_num_buy = buy[-1]

    # 判断红色球
    for i in red_nums_buy:
        for j in ？？？[:5]:
            if i == j:
                red_lucky_count += 1

    # 判断蓝色球
    if result[-1] == blue_num_buy:
        blue_lucky_count = 1

    # 据福彩双色球的中奖规则所写，包括了所有的红蓝组合以
# 及相对应的中奖情况
    if red_lucky_count == 6 and blue_lucky_count
== 1:
        luck_level = 1  # 一等奖（6+1）
    elif ？？？ == 6 and ？？？ == 0:
        luck_level = 2  # 二等奖（6+0）
    elif red_lucky_count == 5 and blue_lucky_
count == 1:
        luck_level = 3  # 三等奖（5+1)
    elif red_lucky_count == 5 and blue_lucky_
count == 0:
        luck_level = 4  # 四等奖(5+0)
```

```
        elif red_lucky_count == 4 and blue_lucky_
count == 1:
            luck_level = 4  # 四等奖(4+1)
        elif red_lucky_count == 4 and blue_lucky_
count == 0:
            luck_level = 5  # 五等奖(4+0)
        elif red_lucky_count == 3 and blue_lucky_
count == 1:
            luck_level = 5  # 五等奖(3+1)
        elif red_lucky_count == 0 and blue_lucky_
count == 1:
            luck_level = 6  # 六等奖(0+1)
        ？？？ red_lucky_count == 1 and blue_lucky_
count == 1:
            luck_level = 6  # 六等奖(1+1)
        ？？？ red_lucky_count == 2 and blue_lucky_
count == 1:
            luck_level = 6  # 六等奖(2+1)
        ？？？:
            luck_level = -1

        ？？？ print(f"恭喜你中了{luck_level}等奖：")

    if __name__ == "__main__":
        print("--本期开奖号码：红色球[9, 28, 31, 12, 8,
27]，蓝色球：8--")
        print("--你的号码：红色球：[25, 12, 28, 8, 22,
23]，蓝色球：8--")
        luck = [9,28,31,12,8,27,8]
        ？？？ = [25,12,28,8,22,23,8]
        judegeResult(luck,example)
```

第 33 课　简易黄页查询系统

视频讲解

> 字典与哈希表。
> 查找、修改、增加、删除。
> update()。

通过编程实现一个可以查找、修改、增加、删除等功能的黄页系统。

“黄页”起源于北美洲，1880 年世界上第一本黄页电话号码簿在美国问世，至今已有 100 多年的历史了。黄页是国际通用按企业性质和产品类别编排的工商电话号码簿，相当于一个城市或地区的工商企业的户口本。国际惯例用黄色纸张印制，故称黄页，如图 33-1 所示。

图 33-1

小时候，我家有一本厚重的黄色电话簿，上面密密麻麻写满了电话和联系方式。然而，随着科技的发展和时代的变迁，这种笨拙的查询方式已经被淘汰了。现在，可以使用功能强大的计算机来实现一个简易的黄页查询系统。

有的读者可能会问："难道这一节是要学习数据库？"，没错，这次我们用 Python 中的字典来模拟实现一个简易的数据库操作。

Python 的字典其实和日常生活中我们所用到的字典是一样的。平时我们是如何使用字典的呢？我相信没有人会直接随机打开字典的某一页来查找，这样得查到什么时候。最常见的查字典方法是音序查字法，也就是根据汉语拼音来查找汉字。查找步骤大致是这样的：先查找汉字的拼音首字母，再查找拼音的第 2 个字母，然后查找第 3 个字母……这样就可以快速定位到要查的汉字。

上述查字典的思路，就是"哈希表"背后的思想。哈希表，又称散列表，是一种通过给定关键字访问相应值的数据结构。简单来说，就是把关键字映射到一个表中来直接访问记录，以加快访问速度。

```
classDict = {'姓名':'鱼C小师妹', '年龄':20, '职业':'程序员'}
```

classDict 是一个 Python 字典，其中":"前的"姓名，年龄，职业"属性被称为关键字 key，也叫"键"。它们分别对应的数据称为值 value。通过 key 访问映射表，即可快速得到相应的 value 值。

为了实现黄页的查找、修改、增加、删除联系人等功能，可以使用哈希值。首先，需要将联系人的姓名和电话号码联系起来，这是最重要的信息。可以将联系人的姓名作为哈希表的 key，对应的电话号码作为哈希表的 value，这样就可以通过姓名来查找对应的电话号码。在添加联系人时，可以增加联系人的手机号码，并在需要时进行修改。当不再需要与某人联系时，可以删除相应的联系人信息。这些操作都可以通过哈希表来实现。

创建 Python 的字典很简单，一行代码即可：

```
informationBook = dict()
```

为了简化信息，联系人信息就保留名字和电话：

```
informationBook = dict(小师妹='166-6666-****',小由鱼='123-4555-
```

****',小田鱼='136-9475-****',小电鱼='137-1734-****',小申鱼='123-1238-****')

接下来先来查找已有的联系人。例如要打电话跟好朋友小甲鱼，先来查一下小甲鱼的电话号码：

```
print("小甲鱼的电话号码是：", informationBook['小甲鱼'])
```

结果如图 33-2 所示。

```
小甲鱼的电话号码是： 188-8888-****
```

图 33-2

此时哈希表的 key 值是“小甲鱼”，通过查找，最后的 value 值是 188-8888-****，完成查找。接下来增加新的联系人及其联系方式。例如，增加小师妹的电话号码，代码如下：

```
informationBook['小师妹'] = "166-6666-66**"
```

输出全部哈希表：

```
print(informationBook)
```

结果如图 33-3 所示。

```
{'小甲鱼': '188-8888-****', '小由鱼': '123-4555-****', '小田鱼': '136-9475-****', '小电鱼'
: '137-1734-****', '小申鱼': '123-1238-****', '小师妹': '166-6666-66**'}
```

图 33-3

还可以修改某项的值，例如将小由鱼电话变成新值：

```
informationBook['小由鱼'] = "122-2222-22**"
```

还可以删除已存在的联系人“小电鱼”：

```
del informationBook['小电鱼']
```

此时全表中就没有小电鱼了，结果如图 33-4 所示。

```
{'小甲鱼': '188-8888-****', '小由鱼': '123-4555-****', '小田鱼': '136-9475-****', '小申鱼'
: '123-1238-****', '小师妹': '166-6666-66**'}
```

图 33-4

从结果来看，已经没有了小电鱼及其电话号码，说明已经删除了此联系人。

如果想将两个电话本合并到一起，该如何实现呢？

为了突出学习重点，先精简字典内容为 x 和 y：

```
x = {'a': 1, 'b': 2,'c':3}
y = {'b': 10, 'c': 11,'z':23}
```

既然要将 x 和 y 中的值统一到一个字典当中，如果键相同，则以 y 中键对应的值为准，除了手动一个一个添加外，还可以使用 update() 方法，即“合并功能”：

```
dict1.update(dict2)
```

dict2 表示添加到指定字典 dict1 里的字典，将 x 和 y 进行合并：

```
x = {'a': 1, 'b': 2,'c':3}
y = {'b': 10, 'c': 11,'z':23}
x.update(y)
print(x)
```

结果如图 33-5 所示。

```
{'a': 1, 'b': 10, 'c': 11, 'z': 23}
```

图 33-5

通过 update() 方法可以将 x 和 y 合并。但需要注意的是，update() 方法修改了 x 的值，合并后的结果会覆盖 x，而不是生成一个新的变量。当然，如果希望将两个字典合并为一个新的字典，可以这么做：

```
x = {'a': 1, 'b': 2,'c':3}
y = {'b': 10, 'c': 11,'z':23}
z = {}
z.update(x)
z.update(y)
print(x)
print(z)
```

结果如图 33-6 所示。

```
{'a': 1, 'b': 2, 'c': 3}
{'a': 1, 'b': 10, 'c': 11, 'z': 23}
```

图 33-6

将 x 和 y 合并的同时并未改变 x 和 y 的值，不过代码量比较大，如果读者使用

Python 3.9 以上的版本，可以直接通过“|”运算符合并两个字典，一目了然，非常方便：

```
z = {}
x = {'a': 1, 'b': 2,'c':3}
y = {'b': 10, 'c': 11,'z':23}
z = x | y
print(x)
print(z)
```

结果依旧如图 33-6 所示。

如果读者使用的不是 Python 3.9，而是 Python 3.5 或以上版本，如 Python 3.7、Python 3.8 等，可以采用双星（**）运算符合并两个字典，代码如下：

```
z = {**x, **y}
```

“**”表示将字典拆成 key-value 对形式传入，那么 {**x, **y} 就表示先将 x 和 y 拆成独立的 key-value 对，然后再将这些 key-value 对覆盖新字典。

以上就是 Python 最常用的几种操作，请读者熟练掌握。

现有一部老的电话本 oldBook：

```
小甲鱼 = '188-8888-****'
小由鱼 = '123-4555-****'
小田鱼 = '136-9475-****'
小电鱼 = '137-1734-****'
小申鱼 = '123-1238-****'
小甩鱼 = '155-8674-****'
小口鱼 = '159-2333-****'
```

需要更新为 newBook：

```
小甲鱼 ='188-8888-****'
小由鱼 = '123-4555-****'
Lily = '133-2333-****'
小田鱼 = '136-0511-****'
Peter = '121-3345-****'
```

```
小电鱼 = '137-1734-****'
FishC = '157-5334-****'
小申鱼 = '123-1238-****'
小口鱼 = '119-2333-****'
小口鱼 = '159-2333-*****'
```

通过这节课所学内容，将更新后的电话本保存到 myTel 变量中，不能用手动增加和修改的方式，结果如图 33-7 所示。

```
新的电话本： {'小甲鱼': '188-8888-****', '小由鱼': '123-4555-****',
'小田鱼': '136-0511-****', '小电鱼': '137-1734-****', '小申鱼': '12
3-1238-****', '小口鱼': '159-2333-****', 'Lily': '133-2333-****',
'Peter': '121-3345-****', 'FishC': '157-5334-****'}
```

图 33-7

第 34 课　冒泡排序

> 冒泡排序。　　> enumerate()。

通过编程实现用冒泡排序对畅销书进行排序。

在学生时代，经常会有这样的场景：在课间操开始前，各年级的同学们杂乱无序地走到操场上。但是，在班长的指挥下，他们按照身高排成一列，高个子站在后面，矮个子站在前面。很快，操场上就变得井然有序了。

在编程中，也有一个类似的排序算法，叫作冒泡排序。这个算法的基本思想：从第一个数开始，依次比较相邻的两个数，将较小的数放在前面，较大的数放在后面。经过一轮比较后，最大的数将位于最后一个位置；然后，继续从第一个数开始，依次比较相邻的数，直到将倒数第二大的数置于倒数第二个位置；如此重复，直到所有数都完成排序。这个过程就像气泡逐渐从水底浮到了水面上一样。

当然，也可以按照从大到小的顺序进行排序。无论是哪种排序方式，冒泡排序算法都是一种简单而有效的排序方法。

假设有一个初始值为 4、9、1、6、3、5 的数列，可以使用冒泡排序算法对它进行排序。排序的过程如下。

在第一轮排序中，从第一个数开始，依次比较相邻的两个数，将较小的数放在前面，较大的数放在后面。经过一轮比较后，最大的数将位于最后一个位置。

具体来说，先用 4 和 9 进行比较，因为 4 小于 9，所以不需要交换它们的位置。接着，用 9 和 1 进行比较，因为 9 大于 1，所以需要交换它们的位置，得到 4、1、9、6、3、5。继续比较后面的数，因为 9 大于 6、3、5，所以依次与它们进行交换。经过第一轮比较，最大的数 9 已经被放在了最后一个位置。此时为 4、1、6、3、5、9。

在第二轮排序中，只需要比较前面 n-1 个数，其中 n 为数列的长度。因为最后一个数已经是最大的了，不需要再进行比较。因此，从第一个数开始，比较相邻的两个数，将较小的数放在前面，较大的数放在后面。经过一轮比较后，倒数第二大的数将位于倒数第二个位置。

具体来说，先用 4 和 1 进行比较，因为 1 小于 4，所以交换它们的位置。接着，再用 4 和 6 进行比较，因为 4 小于 6，所以不需要交换位置。再用 6 和 3 比较，因为 6 大于 3，所以需要交换它们的位置。继续比较，因为 6 大于 5，所以交换它们的位置。经过第二轮比较，倒数第二大的数 6 已经被放在了倒数第二个位置。

在接下来的几轮排序中，依次比较前面 n-k 个数，其中 k 为已经排好序的数的个数，已经排好序的数不需要再进行比较。经过若干轮比较后，就可以得到一个有序的数列。

最后，可以将排序后的数列打印出来。这就是冒泡排序算法的基本思想和实现过程。总之，冒泡排序算法是一种简单而有效的排序方法，可以帮助我们将一个无序的数列变成一个有序的数列。

接下来用代码实现上述过程。先来创建列表存储初始值并打印，然后调用上面的冒泡排序算法，这里就叫 bubble，代码如图 34-1 所示。

```
11  data = [4, 9, 1, 6, 3, 5]
12  print("原列表: ", data)
13  print('\n----我是分界线------\n')
14  bubble(data)
15  print('\n----我是分界线------')
```

图 34-1

通过上述推理，可以得知排序的总次数其实就是列表的长度。遍历开始位置是

len(data)-1，结束位置是 -1，每次循环让 i 变量的值递减 1，因此，bubble 函数的代码如图 34-2 所示。

```
1   def bubble(data):
2       for i in range(len(data) - 1, -1, -1):
3           for j in range(i):
4               if data[j + 1] < data[j]:
5                   data[j], data[j + 1] = data[j + 1], data[j]
6           print(f"第{len(data)-i}次排序后：", end='')
7           for j in range(len(data)):
8               print(data[j], end=' ')
9           print()
10
11  data = [4, 9, 1, 6, 3, 5]
```

图 34-2

由于每一轮需要比较的次数都会比上一轮少一次，所以 j 直接遍历到 i 即可，代码见图 34-2 中第 3 行。如果数据小于原来的数据就交换位置，代码见图 34-2 中第 4 行和第 5 行。

以上就实现了冒泡排序的核心部分。接下来实现打印功能，代码见图 34-2 中第 6 ～ 9 行。

最终运行结果如图 34-3 所示。

```
原列表： [4, 9, 1, 6, 3, 5]

----我是分界线------

第1次排序后：4 1 6 3 5 9
第2次排序后：1 4 3 5 6 9
第3次排序后：1 3 4 5 6 9
第4次排序后：1 3 4 5 6 9
第5次排序后：1 3 4 5 6 9
第6次排序后：1 3 4 5 6 9

----我是分界线------
```

图 34-3

用代码实现了冒泡算法后，来个实际应用：编写一个图书排行榜，并按图书的销量进行排序。假设现在有 4 本图书以及对应的周销量如下：

{'零基础入门学习 C 语言':666, '零基础入门学习 Python':898, '零基础入门学习 Scratch':381, '零基础入门学习 Web 开发':992}

用冒泡排序法将上面每本书按销量从低到高排列，结果如图 34-4 所示。

```
鱼C出版教材周销量统计：
('零基础入门学习C语言', 666)
('零基础入门学习Python', 898)
('零基础入门学习Scratch', 381)
('零基础入门学习Web开发', 992)
-----我是分割线-------
京东24小时图书销售量排名如下：
第 4 名： ('零基础入门学习Scratch', 381)
第 3 名： ('零基础入门学习C语言', 666)
第 2 名： ('零基础入门学习Python', 898)
第 1 名： ('零基础入门学习Web开发', 992)
```

图 34-4

在开始排序前，给大家介绍一个“神奇”的函数—enumerate()，它可以将一个可遍历的数据对象（如列表、元组或字符串）组合为一个带索引的序列，同时列出数据和数据下标，一般用在 for 循环当中。

例如：

```
>>> dst = ['one', 'two', 'three']
>>> for index, element in enumerate(dst):
...     print (index, element)
...
0 one
1 two
2 three
```

这样就可以直接获得下标与元素值。index 用来排名，element 就是利用冒泡算法排序好的值。由于给出的周销量是字典类型，没法直接使用，所以需要先用 items() 方法以列表返回可遍历的 (键 , 值) 元组数组，结果如图 34-5 所示。

```
data.items()
dict_items([('零基础入门学习C语言', 666),
('零基础入门学习Python', 898), ('零基础入门
学习Scratch', 381), ('零基础入门学习Web开发
', 992)])
```

图 34-5

再使用 list() 函数进行转换：

```
data2 = list(data.items())
```

打印出 data2 中值：

```
for j in data2:
    print(j)
```

跟前面一样通过 bubble() 函数进行排序，不过 data2 还需要有“书名”，因此需要额外加添加一个操作来提取，如图 34-6 中第 1 行和第 2 行所示。

返回传入项位置 1 的值获取相应的销量，最后稍微修改一下 bubble() 函数的实现，如图 34-6 中第 4 ～ 8 行所示。

```
1  def key(x):
2      return x[1]
3
4  def bubble(data, key):
5      for i in range(len(data) - 1, -1, -1):
6          for j in range(i):
7              if key(data[j]) > key(data[i]):
8                  data[i], data[j] = data[j], data[i]
```

图 34-6

（1）实现图书销量排行榜的完整代码（结果如图 34-4 所示）。

（2）有一个列表 [3, 1, 2, 8, 5, 7, 6, 9, 0]，编写一个冒泡排序算法，按照从小到大的顺序对数组进行排序。

视频讲解

第 35 课　选择排序

> 选择排序。
> 选择排序和冒泡排序的区别。

选择排序和冒泡排序有什么区别呢？

第 34 课中实现了冒泡排序，不知道读者是否发现有些步骤是可以进行优化的呢？

这一节我们介绍的选择排序，就是对冒泡排序的一个优化方案。

选择排序是一种简单的排序算法，与冒泡排序相比，它避免了无价值的交换操作。选择排序的基本思路：先从未排序区域中选出一个最小的元素，将其与序列中的第一个元素交换位置，然后从剩下的未排序区域中选出一个最小的元素，将其与序列中的第二个元素交换位置，如此反复操作，直到序列中的所有元素按升序排列完毕。

下面通过编程实现选择排序，对数组 [17,121,3,224,57] 进行排序。首先，定义未排序区域为整个数组，从前往后遍历未排序区域，找出其中最小的元素，将其与序列中的第一个元素交换位置。这样第一次排序后序列中最小的元素就位于序列的首位。接着，将未排序区域缩小一个元素，从中找到最小的元素，将它与序列中的第二个元素交换位置。如此反复操作，直到未排序区域中只剩下一个元素，排序完成。具体过程如下。

第一次排序。未排序区域：[17,121,3,224,57]，找到其中最小的元素 3，将其与第一个元素 17 交换位置。此时序列变为 [3,121,17,224,57]，最小的元素 3 位于序列的首位。

第二次排序。未排序区域：[121,17,224,57]，找到其中最小的元素 17，将其与第二个元素 121 交换位置。此时序列变为 [3,17,121,224,57]，最小的元素 3 仍然位于序列的首位。

第三次排序。未排序区域：[121,224,57]，找到其中最小的元素 57，将其与第三个元素 121 交换位置。此时序列变为 [3,17,57,224,121]，最小的元素 3 仍然位于序列的首位。

第四次排序。未排序区域：[224,121]，找到其中最小的元素 121，将其与第四个元素 224 交换位置。此时序列变为 [3,17,57,121,224]，最小的元素 3 仍然位于序列的首位。

第五次排序。未排序区域：[224]，此时序列已经排好序，无须进行比较和交换操作。

经过以上步骤，我们成功地将数组 [17,121,3,224,57] 按升序排列为 [3,17,57,121,224]。

代码初始化部分和第 34 课没有区别，如图 35-1 所示。

```
11    data = [17, 121, 3, 224, 57]
12    print("原列表：", data)
13    print('\n----我是分界线------\n')
14    choose(data)
```

图 35-1

实现选择排序 choose(data) 部分，依旧通过双循环控制遍历部分，见图 35-2 中第 2 行和第 3 行代码。

```
1   def choose(data):
2       for i in range(len(data) - 1):
3           for j in range(i + 1, len(data)):
4               if data[j] < data[i]:
5                   data[i], data[j] = data[j], data[i]
6           print(f"第{i+1}次排序后：", end='')
7           for j in range(len(data)):
8               print(data[j], end=' ')
9           print()
10
11  data = [17, 121, 3, 224, 57]
```

图 35-2

如果数据小于原来的数据，那就需要交换位置，代码见图 35-2 中第 4 行和第 5 行。最后遍历输出 data[j] 中的值，就是排序后的最终结果，代码见图 35-2 中第 7 ～ 9 行。

运行代码，结果如图 35-3 所示。

```
原列表： [17, 121, 3, 224, 57]

-----我是分界线-------

第1次排序后：3 121 17 224 57
第2次排序后：3 17 121 224 57
第3次排序后：3 17 57 224 121
第4次排序后：3 17 57 121 224
```

图 35-3

选择排序和冒泡排序都是常见的排序算法，它们的核心算法都是找到数组中的最小值或最大值。选择排序的基本思路：从数组中找到最小的值并将其放置于数组首位，然后再找次小的数放在第二位，以此类推，直到整个数组排好序为止。具体实现：对于数组中的每一个元素，遍历其后面的所有元素，找到其中最小的元素，然后将其与当前元素交换位置。这样就能够将当前元素放置到正确的位置上，然后继续对后面的元素进行同样的操作，直到整个数组排好序为止。

相比之下，冒泡排序的基本思路：从数组的第一个元素开始，依次比较相邻的两个元素，如果前一个元素比后一个元素大，则交换两者位置，直到整个数组排好序为止。具体实现：需要对整个数组进行多次遍历，每次遍历都会将当前未排序区域中最大的元素“冒泡”到最后面，直到整个数组排好序为止。

两种排序算法的区别：选择排序每次只需要遍历未排序区域中的所有元素一次，而冒泡排序则需要对整个数组进行多次遍历。实际上选择排序的效率要比冒泡排序高，因为它避免了冒泡排序中无价值的交换操作。

（1）用选择排序实现图书销量的排行，结果如图 35-4 所示。

```
鱼C出版教材周销量统计:
('零基础入门学习C语言', 666)
('零基础入门学习Python', 898)
('零基础入门学习Scratch', 381)
('零基础入门学习Web开发', 992)
-----我是分割线-------
京东24小时图书销售量排名如下:
第 4 名:  ('零基础入门学习Scratch', 381)
第 3 名:  ('零基础入门学习C语言', 666)
第 2 名:  ('零基础入门学习Python', 898)
第 1 名:  ('零基础入门学习Web开发', 992)
```

图 35-4

（2）有一个列表 `[3, 1, 2, 8, 5, 7, 6, 9, 0]`，编写一个选择排序算法，按照从小到大的顺序对数组进行排序。

视频讲解

第36课　插入排序

> 插入排序。　　> 列表转换。

通过插入排序实现冠亚军排行榜。

大家应该都有玩扑克牌的经历：在发好牌后，我们通常会整理手中的牌，将它们逐个比较大小，然后将大的放在左边，小的放在右边。当然，这个整理的方法因人而异。经过这样一轮整理后，手中的牌就会按照我们的习惯排好序了。实际上，这个过程和本节课要学习的“插入排序”非常相似。

插入排序的核心算法：将数列中的元素逐一与已排序好的数据进行比较，然后找到合适的位置并将其插入。例如，将一个新元素插入已排好序的两个元素之间，就需要将它与其他两个元素做比较，找到合适的位置插入。这样，每次插入一个新元素后，得到的新数列依然是排好序的。接着再插入另一个元素，以此类推，直至排序完成。

插入排序法最终的结果只有两种形式：递增数列和递减数列。如果有一组无序数据：99，23，15，44，3，按照从小到大的顺序进行排序，那么排序的过程如下。

第一次排序。将首位数字99放入已排序区域：99。

第二次排序。将第二个元素23与已排序区域的元素进行比较。23小于99，插入到99之前。此时已排序区域：23，99。

第三次排序。将第三个元素15与已排序区域元素依次比较。15小于25，15插入到25之前。此时已排序区域：15，23，99。

第四次排序。将第四个元素44与已排序区域元素依次比较。44大于15，23，但小于99，所以插入到23后面，99后移一个位置。此时已排序区域：15，23，44，99。

第五次排序。将第五个元素3与已排序区域依次比较。3小于15，插入到15前面。此时已排序区域：3，15，23，44，99。至此排序结束。

下面是对上述过程的代码实现。

初始化部分和第34课一样，代码如图36-1所示。

```
14  data = [99, 23, 15, 44, 3]
15  print("原列表：", data)
16  print('\n----我是分界线------\n')
17  insert(data)
```

图36-1

接下来实现排序的核心部分choose(data)，还是先遍历数据，创建一个变量t用于暂存数据，代码见图36-2中第1～3行。

```
1   def insert(data):
2       for i in range(len(data)):
3           t = data[i]
4           j = i - 1
5           while j >= 0 and t < data[j]:
6               data[j + 1] = data[j]
7               j -= 1
8           data[j + 1] = t
9           print(f"第{i+1}次排序后：", end='')
10          for j in range(len(data)):
11              print(data[j], end=' ')
12          print()
13
14  data = [99, 23, 15, 44, 3]
```

图36-2

从上面的排序分析可以知道，每次都会从原数列中取出一位，那么对比值 j 的下标就要赋值为 i-1，代码见图 36-2 中第 4 行。

接下来通过循环进行排序，判断数据的下标值要大于或等于 0 且暂存数据小于原数据，然后就把所有元素往后移一位并且下标减 1，代码见图 36-2 中第 5 ～ 7 行。

完成循环后，将最小的数据插入最前一个位置，就可以打印出结果了，代码见图 36-2 中第 8 ～ 12 行。

结果如图 36-3 所示。

```
原列表： [99, 23, 15, 44, 3]

----我是分界线------

第1次排序后：99 23 15 44 3
第2次排序后：23 99 15 44 3
第3次排序后：15 23 99 44 3
第4次排序后：15 23 44 99 3
第5次排序后：3 15 23 44 99
```

图 36-3

插入排序算法的基本原理讲完了，接下来进行实战。基于插入排序将 5 位同学的 C 语言考试成绩从小到大排序，并输出冠、亚、季军：

```
data = {'小甲鱼':99,'小田鱼':90,'小电鱼':84,'小由鱼':76,'小申鱼':88}
```

结果如图 36-4 所示。

```
5名同学初始成绩：
[('小甲鱼', 99), ('小田鱼', 90), ('小电鱼', 84), ('小由鱼', 76), ('小申鱼', 88)]
('小甲鱼', 99)
('小田鱼', 90)
('小电鱼', 84)
('小由鱼', 76)
('小申鱼', 88)

----最终排名------

冠军是： ('小甲鱼', 99)
亚军是： ('小田鱼', 90)
季军是： ('小申鱼', 88)
```

图 36-4

由于 data 是字典，所以还是用 list() 将其改为列表，并循环输出，如图 36-5 所示。

```
1   def insert(data):
2       for i in range(len(data)):
3           t = data[i]
4           j = i - 1
5           while j >= 0 and key(t) < key(data[j]):
6               data[j + 1] = data[j]
7               j -= 1
8           data[j + 1] = t
9
10  print('5名同学初始成绩: ')
11  data = {'小甲鱼': 99, '小田鱼': 90, '小电鱼': 84, '小由鱼': 76, '小申鱼': 88}
12  data2 = list(data.items())
13  print(data2)
14  for i in data2:
15      print(i)
```

图 36-5

（1）自己动手实现本节课的插入排序案例代码，输出如图 36-4 所示结果。

（2）有一个列表 [3, 1, 2, 8, 5, 7, 6, 9, 0]，编写一个插入排序算法，按照从小到大的顺序对数组进行排序。

视频讲解

第 37 课　堆排序

- 二叉树。
- 左右子树。
- 满二叉树。
- 完全二叉树。

通过堆排序实现数据排序。

在介绍堆排序前，需要先介绍一下什么是二叉树。二叉树（binary tree）是一种包含 n 个节点的有限集合，其中可以为空集（此时，称为空树），或者由一个根节点和两棵互不相交的、分别称为根节点的左子树和右子树的二叉树组成。简而言之，二叉树是一种树形的数据结构，它由节点和边组成，每个节点最多有两个子节点，且左右子树的顺序是固定的，用于描述具有层级关系的数据结构。如图 37-1 所示。

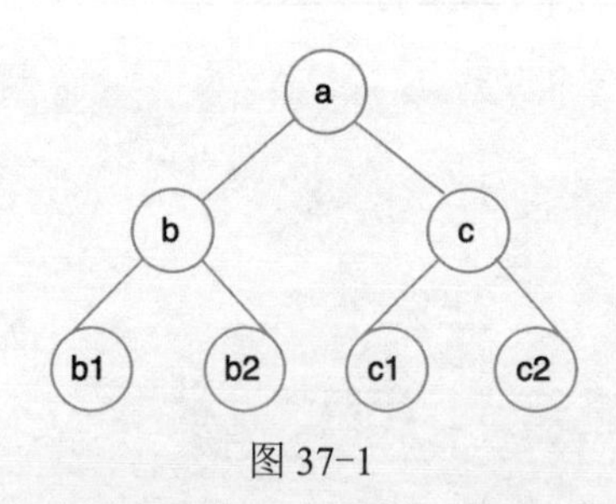

图 37-1

通过上面的定义，可以进一步推出以下 4 个结论。

- 二叉树的任意节点最多只能有两个子节点。
- 二叉树的子树仍然是二叉树。
- 如果只有一个子节点，那么可以是左子树，也可以是右子树。
- 既然子树有左右之分，那么二叉树是有序树。

符合上述结论的二叉树无非就以下 5 种形态，如图 37-2 所示。

（1）二叉树为空，没有任何节点。

（2）二叉树仅有根节点，没有子节点。

（3）二叉树仅有左子树，并且只有一个子节点，右子树为空。

（4）二叉树仅有右子树，并且只有一个子节点，左子树为空。

（5）二叉树有左右子树，这是经典的二叉树结构。

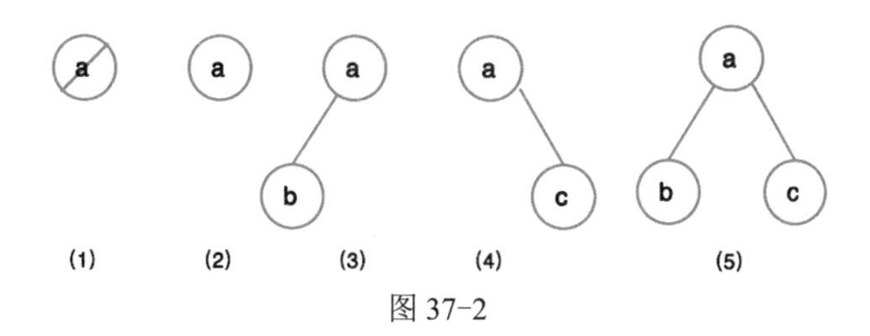

图 37-2

二叉树还可以进一步细分为两个特殊类型：满二叉树和完全二叉树。

满二叉树是指在二叉树中，除最下一层的叶节点外，每层的节点都有两个子节点，如图 37-3 所示。

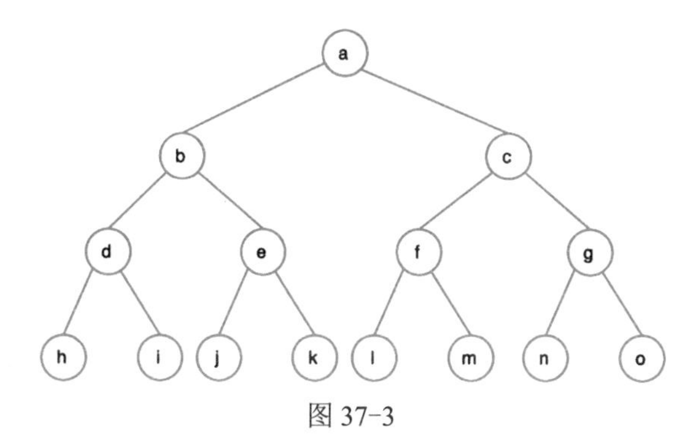

图 37-3

完全二叉树是指除了最下一层节点可能未达到最大个数，其余层的节点数都达到最大个数。而且，最后一层的节点都是从左到右连续存在，只可能缺少右侧的若干节点。这种树形结构用于描述具有层级关系的数据结构，通常用于堆排序等算法中，如图 37-4 所示。

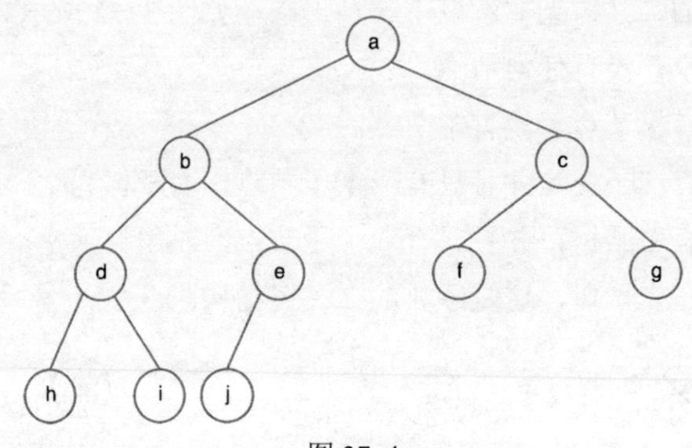

图 37-4

通过图 37-3 和图 37-4 的对比，可以总结出一个结论：满二叉树一定是完全二叉树，而完全二叉树不一定是满二叉树。

堆是一个近似完全二叉树的数据结构，通常可以被看作一个完全二叉树的数组对象。从定义上来看，堆总是满足下列性质。

- 它是一个完全二叉树。
- 所有子节点的值总是小于（或者大于）其父节点的值。

重点解释第二条。例如有如图 37-5 所示的一棵完全二叉树，父节点 9 比子节点 5、7 大，父节点 5 比子节点 3 和 4 大，父节点 7 比子节点 6 大。因此，它不但是一个完全二叉树，还满足子节点小于父节点的要求，这样的结构就称为堆。

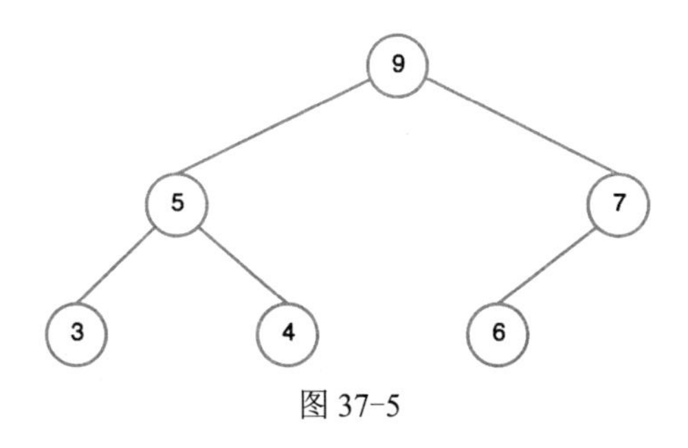

图 37-5

堆结构中可以通过公式来确定某个节点的父节点和子节点的位置。假设该节点的位置为j，则其父节点位置为(j-1)/2，小数则向下取整。左子节点位置为2*j+1，右子节点位置为2*j+2。按照上述规则为图37-5编号，如图37-6所示。

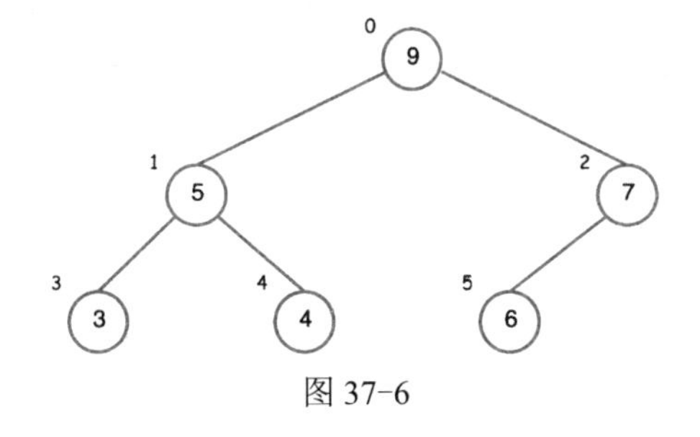

图 37-6

基于上面的思路还可以总结出下面这些表达式。

- 在非空二叉树中，第i层的节点总数最多为2(i-1)个（i ≥ 1）。
- 深度为k的二叉树最多有2k-1个节点（k ≥ 1），最少有k个节点。
- 对于任意一棵二叉树，如果其叶节点数为n0，而度为2的节点总数为n2，则n0 = n2 + 1。
- 具有n个节点的完全二叉树的深度k为[log2n] + 1。

具有n个节点的完全二叉树各节点如果用顺序方式存储，对任意节点i有如下关系：

- 如果i!=1，则其父节点的编号为i/2。
- 如果2*i ≤ n，则其左子树根节点的编号为2*i；若2*i > n，则无左子树。

• 如果 2*i+1 ≤ n，则其右子树根节点编号为 2*i+1；若 2*i+1 ＞ n，则无右子树。

在图 37-6 中，只有值为 9（位置 0）和 5（位置 1）的两个父节点同时拥有左右两个子节点。下面，可以选择值为 5（位置 1）的父节点进行测试。根据堆的公式，可以计算出它的父节点位置为 (1-1)/2=0，而位置 0 的节点的值是 9。同时，它的左子节点位置为 2*1+1=3，对应的节点值是 3，右子节点位置为 2*1+2=4，对应的节点值是 4。这样，就可以基于堆的公式对数据进行排序了。这些公式可用于编程，实现堆排序算法。

堆排序是一种常用的排序算法，它可以分为递增和递减两种方式。在递增堆排序中，每个节点的值都大于或等于其子节点的值，即堆顶元素为最小值。而在递减堆排序中，每个节点的值都小于或等于其子节点的值，即堆顶元素为最大值。这两种方式的实现方法类似，只是比较大小的方式不同。堆排序算法通过不断调整堆的结构，使其满足堆的性质，从而实现排序。

假设有数据 99、66、88、55、3、23，编写代码按照递增顺序进行堆排序。首先按照从左到右的顺序将数据放到二叉树中，如图 37-7 所示。

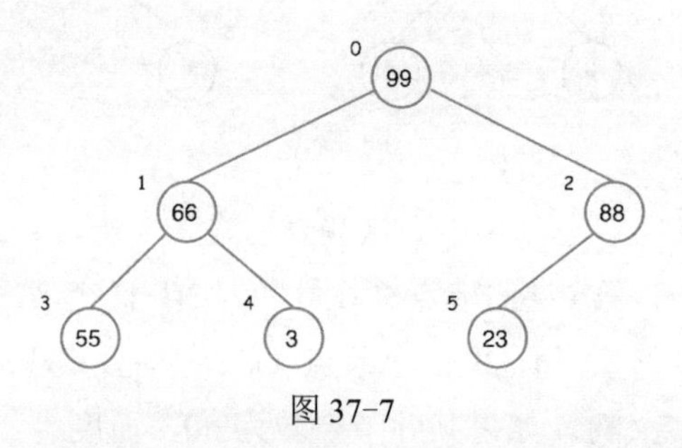

图 37-7

我们需要从小到大排序，按照堆的特性（父节点的值需要大于子节点）交换数据，从图 37-7 可知，每个父节点的值都比其子节点大，因此，父节点 99 就是数据的最大值。此时需要将此完全二叉树最底层且最右侧的数据与父节点进行交换，即数据 23 与 99 进行交换，如图 37-8 所示。

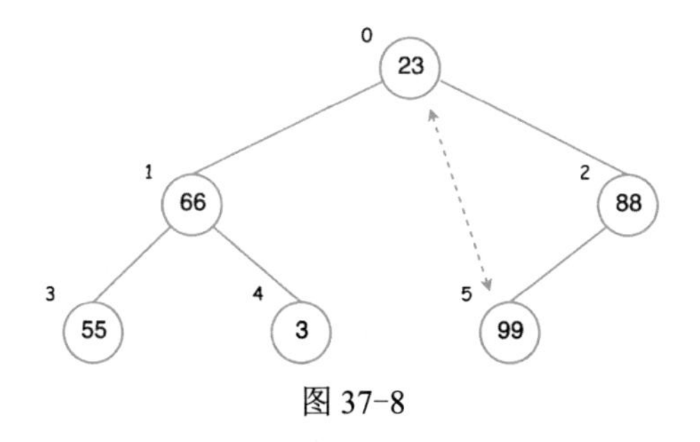

图 37-8

然后将数据 99 的分支砍掉，放到排序后的数列里，如图 37-9 所示。

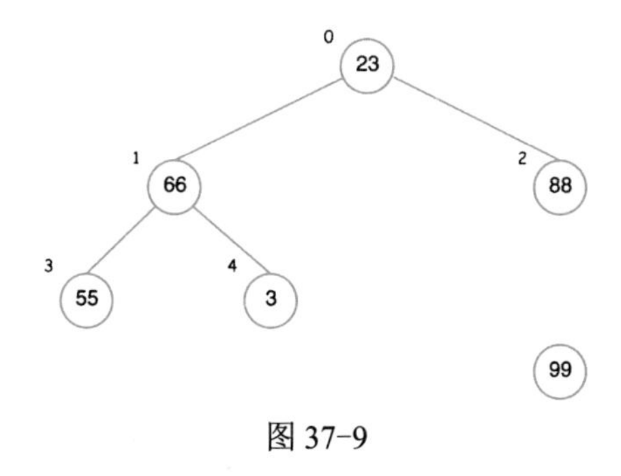

图 37-9

接下来用父节点 23 与其子节点 66、88 进行比较。66 大于 23，两者交换位置，如图 37-10 所示。

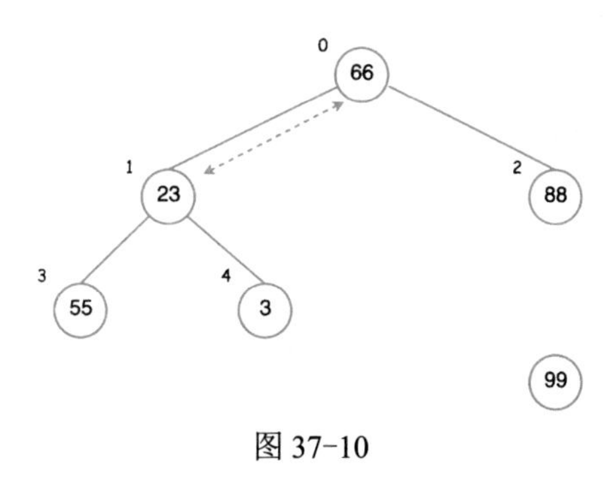

图 37-10

交换后再来看以数据 23 为父节点的分支，左子节点 55 比 23 大，交换位置，如

图 37-11 所示。

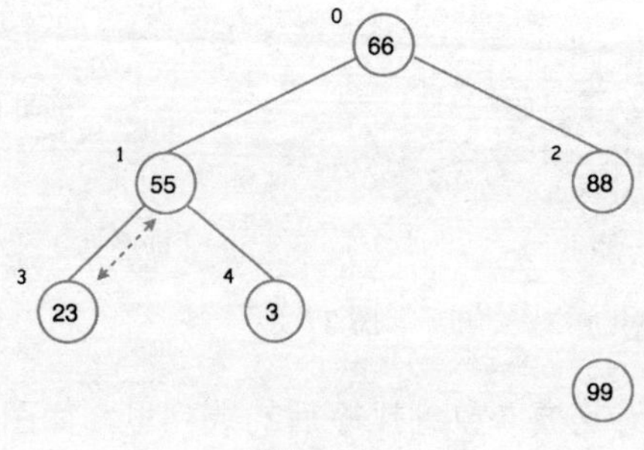

图 37-11

此时 23 比 3 大，不需要交换位置。比较父节点 66 与其子节点 55 和 88。88 比 66 大，交换 66 与 88，如图 37-12 所示。

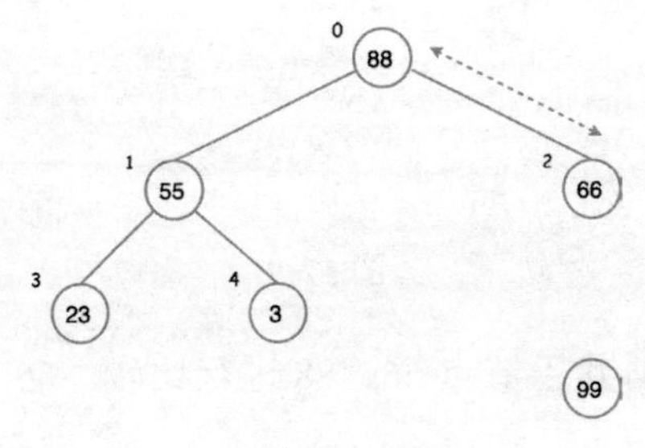

图 37-12

交换完之后，88 为父节点，是当前二叉树中最大的数字。将 88 与此二叉树最底层最右侧的数据 3 进行交换，如图 37-13 所示。

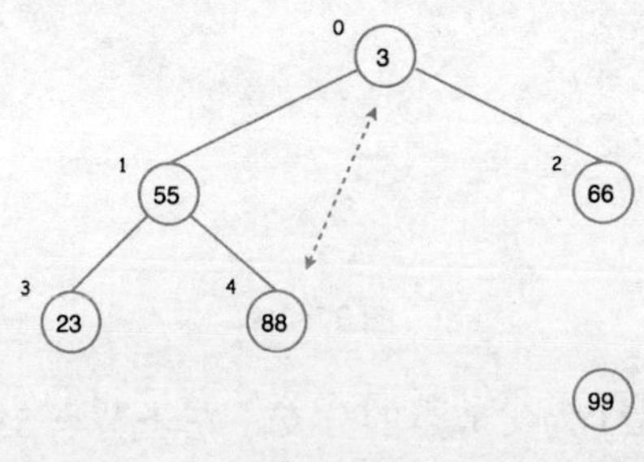

图 37-13

交换完之后，将88分支砍掉，放在99前，如图37-14所示。

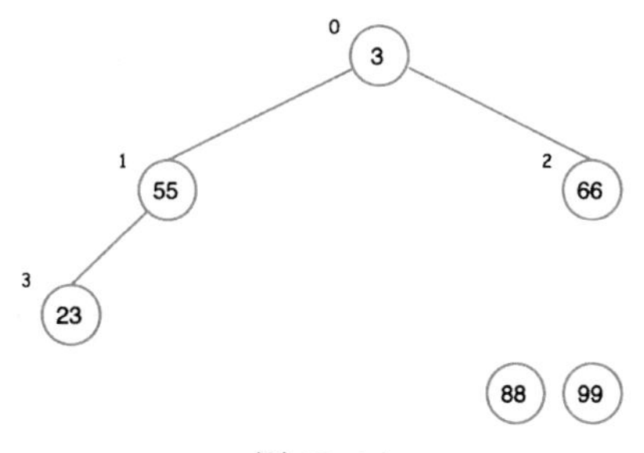

图37-14

此时数据3为父节点，将其与子节点55、66比较。先比较左子节点，55比3大，交换位置，如图37-15所示。

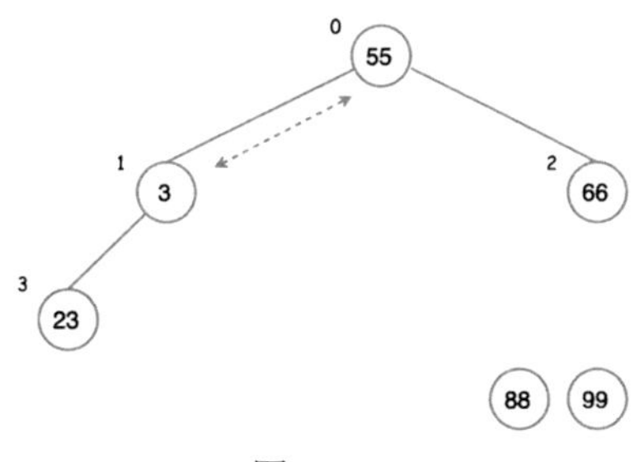

图37-15

交换后再比较以3为父节点的分支，其子节点23大于3，交换位置，如图37-16所示。

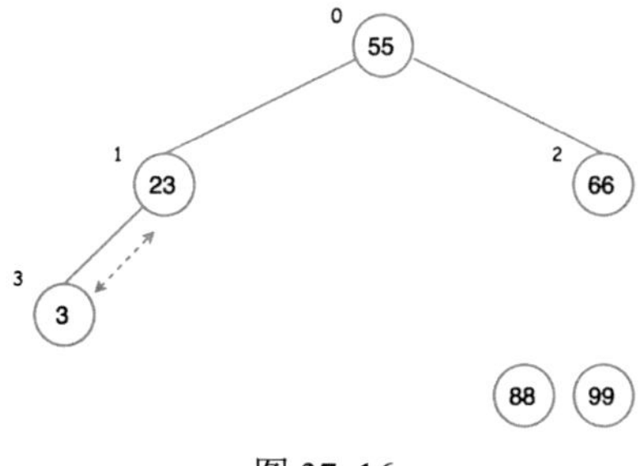

图37-16

父节点 55 再与右节点 66 比较，66 大于 55，交换位置，如图 37-17 所示。

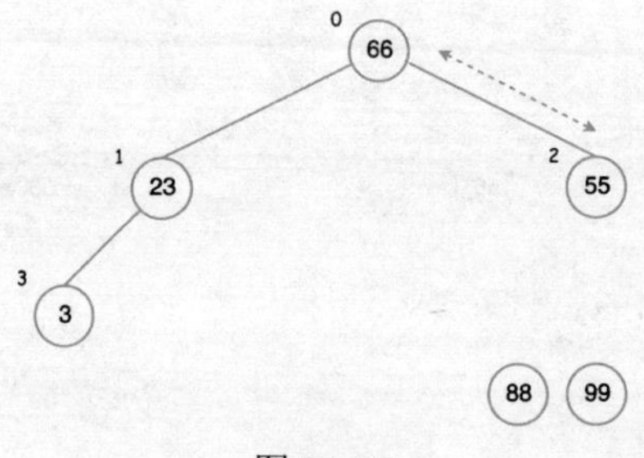

图 37-17

66 是当前二叉树的最大值，将数据 66 与完全二叉树最底层最右侧的数据 3 交换，并砍掉 66 分支，放到数据 88 前，如图 37-18 所示。

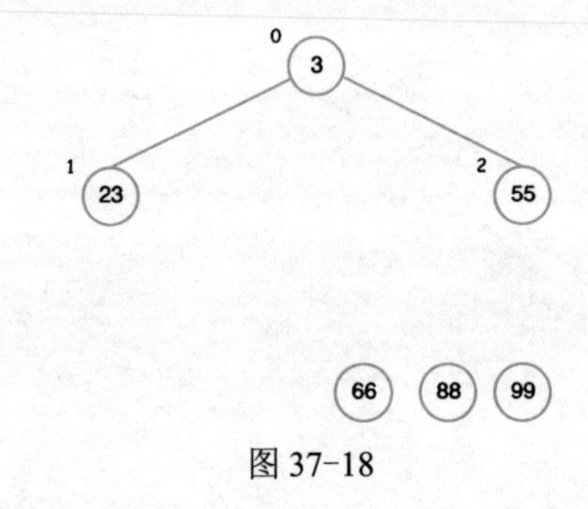

图 37-18

此时的二叉树以 3 为父节点，小于其子节点 23，交换位置，如图 37-19 所示。

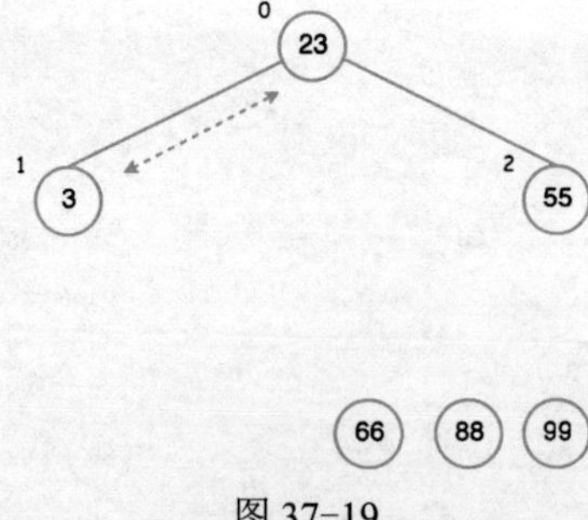

图 37-19

父节点 23 再与右节点 55 比较，55 大于 23，交换位置，如图 37-20 所示。

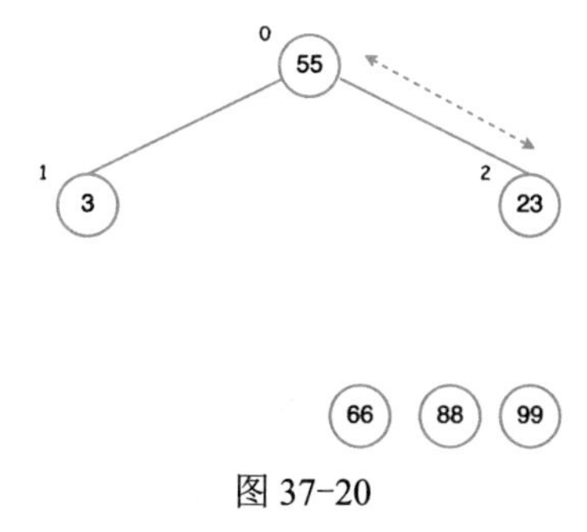

图 37-20

55 是当前二叉树的最大值，将数据 55 与完全二叉树最底层最右侧的数据 23 交换，并砍掉 55 分支，放到数据 66 前，如图 37-21 所示。

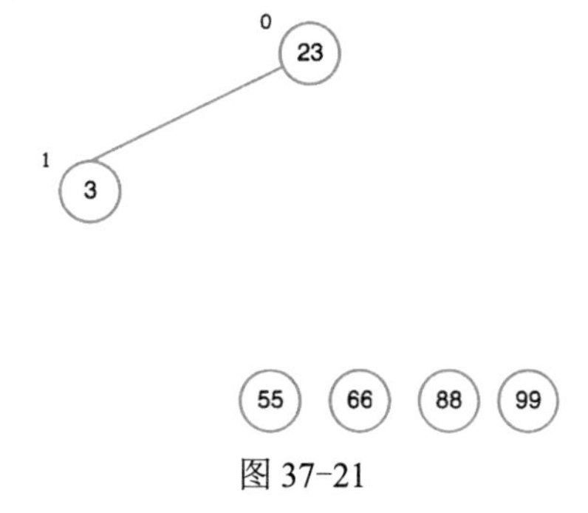

图 37-21

此时只剩数据 23 和 3，该二叉树也满足堆。因此直接将 23 放到数据 55 前，将 3 放到数据 23 之前，最后的排序结果如图 37-22 所示。

图 37-22

从上面的步骤可知，堆排序算法中，每次都需要用父节点和子节点进行比较并交换。接下来就要用 Python 将上述过程转变为可执行的代码。初始化部分和之前一样，打印排序前和排序后的数据，代码如图 37-23 所示。

```
24  data = [99, 66, 88, 55, 3, 23]
25  print("原始数据：")
26  for k in range(len(data)):
27      print(f"{data[k]}", end=' ')
28  print('\n----我是分界线------\n')
29  print("堆排序后结果：")
30  heapSort(data)
31  for k in range(len(data)):
32      print(f"{data[k]}", end=' ')
```

图 37-23

接下来就是算法核心部分—实现 heapSort(data) 函数。heapSort(data) 实现堆排序算法。首先调用 buildHeap(heap) 函数构建初始堆，然后从最后一个元素开始，将堆顶元素与当前元素进行交换，接着再调用 heapBasic(heap, i, 0) 函数对剩余元素进行堆化操作，重复这个过程直到整个堆有序，代码如图 37-24 所示。

```
18  def heapSort(heap):
19      buildHeap(heap)
20      for i in range(len(heap) - 1, -1, -1):
21          heap[0], heap[i] = heap[i], heap[0]
22          heapBasic(heap, i, 0)
23
24  data = [99, 66, 88, 55, 3, 23]
```

图 37-24

buildHeap(heap) 函数用于构建初始堆，它接受一个堆列表 heap，首先计算堆的长度 heap_len，然后从最后一个非叶子节点开始，逐个调用 heapBasic() 函数进行堆化操作，代码如图 37-25 所示。

```
13  def buildHeap(heap):
14      heap_len = len(heap)
15      for i in range((heap_len - 2) // 2, -1, -1):
16          heapBasic(heap, heap_len, i)
17
18  def heapSort(heap):
```

图 37-25

heapBasic(heap, heap_len, i) 函数用于维护堆的性质。它接受三个参数：堆列表 heap、堆的长度 heaplen 和当前节点的索引 i。该函数的目的是将当前节点与其子节点进行比较，如果子节点的值较大，则交换它们的位置，并递归地对被交换的子节点进行进一步的堆化操作。

left = 2 * i + 1 和 right = 2 * i + 2 计算当前节点的左子节点和右子节点的索引，然后检查左、右子节点是否存在且大于当前节点的值，如果存在，则将 larger 变量的值更新为相应子节点的索引。最后，如果 larger 不等于当前节点的索引，则说明当前节点的值不是最大值，需要进行交换。代码实现如图 37-26 所示。

```
1   def heapBasic(heap, heaplen, i):
2       left = 2 * i + 1
3       right = 2 * i + 2
4       larger = i
5       if left < heaplen and heap[larger] < heap[left]:
6           larger = left
7       if right < heaplen and heap[larger] < heap[right]:
8           larger = right
9       if larger != i:
10          heap[larger], heap[i] = heap[i], heap[larger]
11          heapBasic(heap, heaplen, larger)
12
13  def buildHeap(heap):
```

图 37-26

运行代码，结果如图 37-27 所示。

```
原始数据:
99 66 88 55 3 23
----我是分界线------

堆排序后结果:
3 23 55 66 88 99
```

图 37-27

编码就是重复之前的操作，难点在于理解 heapBasic() 中这几个重要参数：heap 表示堆；heaplen 表示堆的长度；i 表示父节点的位置。

自己动手实现本节课的堆排序案例代码，输出如图 37-27 所示结果。

第 38 课　计数排序

视频讲解

> 计数排序。

通过计数实现数据排序。

第 37 课介绍了一种排序算法——堆排序。然而，由于堆排序需要进行较多的抽象思维，可能会让一些读者感到难以理解。因此，学习编程的过程中，我们必须多动手，多进行实际操作，这样能够帮助我们更好地理解算法的实现方法和原理。

这节课介绍一种新的排序算法——计数排序。与之前的排序算法不同，计数排序不需要进行数据之间的比较和交换，而是将待排序的数据值转换为键，并将其存储在额外的空间中。

计数排序是一种适用于数据量大、范围小的整数排序算法。例如，成绩排名、身高统计等。假设有一组成绩排名数据：96，93，99，90，91，92，93，90，可以采用计数排序算法进行从小到大的递增排序。首先，需要确定这组数据的最大值和最小值，即确定数据的范围为 90 ～ 99。然后，我们需要准备 10 个计数器，分别统计每个数字出现的次数。计数器的编号从 90 ～ 99。具体示意图如图 38-1 所示。

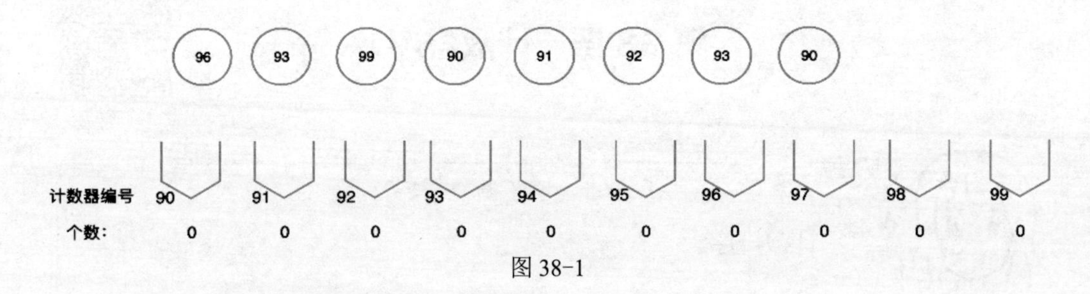

图 38-1

接下来，需要将数据中的每个数字放入对应的计数器中，并将计数器的值加 1。例如，第一个数字 96，需要将其放入编号为 96 的计数器中，并将计数器的值加 1。具体示意图如图 38-2 所示。

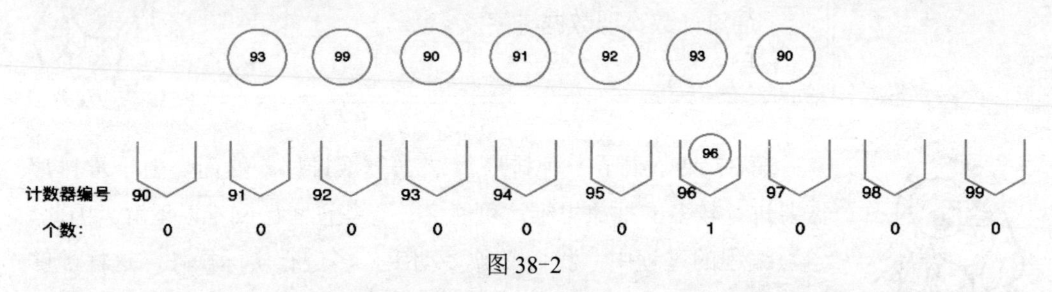

图 38-2

将所有数据存放完成之后，再按照计数器的编号依次将数据取出，便是排好序的结果，如图 38-3 所示。

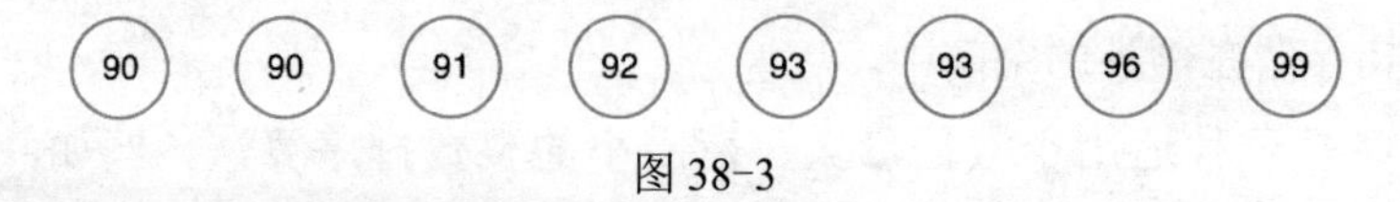

图 38-3

基础部分的代码实现还是和之前一样，如图 38-4 所示。

```
14  data = [96, 93, 99, 90, 91, 92, 93, 90]
15  print("原始数据：")
16  for k in range(len(data)):
17      print(f"{data[k]}", end=' ')
18  data2 = countSort(data)
19  print('\n----我是分界线------\n')
20  print("计数排序后结果：")
21  for k in range(len(data2)):
22      print(f"{data2[k]}", end=' ')
```

图 38-4

接下来实现核心的 countSort() 函数。首先要找到待排序列表中的最大值 max_num，开辟一个长度为 max_num + 1 的计数列表，计数列表中的值初始化为 0，代码见图 38-5 中第 1 ～ 5 行。

```
1   def countSort(array):
2       if len(array) < 2:
3           return array
4       max_num = max(array)
5       count = [0] * (max_num + 1)
6       for num in array:
7           count[num] += 1
8       new_array = list()
9       for i in range(len(count)):
10          for j in range(count[i]):
11              new_array.append(i)
12      return new_array
13
14  data = [96, 93, 99, 90, 91, 92, 93, 90]
```

图 38-5

遍历待排序列表，如果遍历到的元素值为 num，则计数列表中索引为 num 的元素值加 1，代码见图 38-5 中第 6 行和第 7 行。

接下来就要遍历完整待排序列表，计数列表中索引 i 的值 j，表示 i 的个数为 j，统计出待排序列表中每个值的数量。先要创建一个新列表，遍历计数列表，依次在新列表中添加 j 个 i，新列表就是排好序后的列表。而这个过程中就不需要比较待排序列表中的数据大小，代码见图 38-5 中第 8 ～ 12 行。

结果如图 38-6 所示。

```
原始数据：
96 93 99 90 91 92 93 90
----我是分界线------

计数排序后结果：
90 90 91 92 93 93 96 99
```

图 38-6

通过以上的介绍，读者应该已经理解了为什么计数排序适用于“量大、范围小”的数据。因为在计数排序中，创建计数器是基于最大值和最小值的范围，如果范围太大，使用计数排序的效率反而会大大降低。此外，当排序数组中存在小数时，直接使用计数排序也不太适合。因此，我们需要根据实际情况选择合适的排序算法来处理不同类型的数据。

（1）现有计数排序代码如下所示：

```
def countSort(array):
    ... 同本节课实现 ...

data = [26,23,29,20,31,32,33,35.4]
print("原始数据：")
for k in range(len(data)):
    print(f"{data[k]}", end=' ')

data2 = countSort(data)
print('\n---- 我是分界线 ------\n')

print("计数排序后结果：")
for k in range(len(data2)):
    print(f"{data2[k]}", end=' ')
```

运行代码后结果是什么？

（2）某班级有 10 名学生，他们的期末考试成绩如下。

学生 1：85 分
学生 2：92 分
学生 3：78 分
学生 4：90 分
学生 5：88 分
学生 6：95 分
学生 7：82 分
学生 8：87 分
学生 9：91 分
学生 10：84 分

请使用计数排序算法，统计并按照成绩从高到低的顺序排列学生的名字。

第 39 课　开始的结束

> 理解算法。

到底什么是算法?

看到本书的最后一课，祝贺读者：你已经是一名入门的算法工程师了。

在正式告别前，再来问一下大家：什么是算法？

在算法科学家眼里，这个问题很简单，算法就是“有输入、有输出的解决问题的计算步骤”。

而对于初学者来说这还不够直白。要真正明白什么是算法，要先弄清楚一件事：计算机做事与人做事的核心差异是什么？人类做事，往往可以接受模糊行为，算法则必须有明确的标准。

例如我们要做一道菜“宫保鸡丁”，需要在锅中“输”入鸡肉、泡姜、木耳丝、盐少许、酱油少许；而烤蛋糕则要放入 16g 黄油、33g 面粉，要放进 200℃烤箱，烤 20min。

但请读者仔细回忆一下，宫保鸡丁的原材料若稍微有些变化，或者换个大厨来做，味道可能就不一样了。但烤蛋糕只要严格遵照规定，谁来烤都一样。所以从这个角度来说，“宫保鸡丁”不是算法，烤蛋糕才是。因为烤蛋糕的食谱可以无数次复现，谁来干都一样。这也就是为什么说“算法要求极其明确”。

当一个解决方案足够明确，必然可以让这个算法无数次复现，同一个算法，相同的输入必然可以得到相同的输出。不会因为执行的计算机不同、人不同，就导致不同的结果。能不能复现也是衡量明确性的标准。当你有一个问题要交给算法解决，就要不断明确每个细节，保证算法执行之后能够复现。

所以本质上来说“算法就是一套通过确定性保证解决问题的工具”。既然是工具，那么就没有好坏之分，因为背后都是“设计者的思想”。

所以，不要对算法评判对错、好坏，算法只是设计者思想的体现，如果算法出了问题，请回到人身上找问题。

我们一定要结合具体案例去选择适合的算法，问题通常有很多解决方案，如何找到一个解决方案并且确定其为优秀的方案，是需要反复练习、熟能生巧的。

至此，本书也完成了“敲门砖”的工作，带你走入了算法世界，请用所学会的不同算法，去解决一个个真实发生在读者生活中的问题吧。

最后引述丘吉尔的一句名言来结束本书内容，如图 39-1 所示。

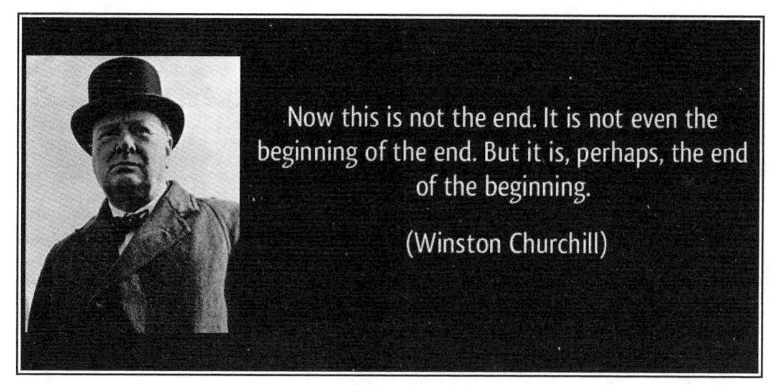

图 39-1

“这不是结束，这甚至不是结束的开始，这只是开始的结束。”